从风格/配色/行业领域/版式构图进行设计

51个设计方案，高质量网页设计案例集锦

超越平凡的视觉设计 网页设计原理

[日] 久保田凉子 编著

宁凡 译

人民邮电出版社

北京

图书在版编目（CIP）数据

超越平凡的视觉设计：网页设计原理 /（日）久保
田凉子编著；宁凡译. -- 北京：人民邮电出版社，
2019.1
ISBN 978-7-115-49520-4

Ⅰ. ①超… Ⅱ. ①久… ②宁… Ⅲ. ①网页－设计
Ⅳ. ①TP393.092.2

中国版本图书馆CIP数据核字(2018)第226548号

版 权 声 明

内 容 提 要

现代社会，互联网、计算机硬件、移动终端设备的发展日新月异，对于企业和用户来说，网站是一个很好的宣传与交流平台，它既是企业形象的展示平台，又是用户了解企业产品的平台，因此网页的视觉效果尤为重要。那么对于从事或即将从事网页设计的读者来说，如何才能既高效又快速地制作出抓人眼球的网页页面呢？本书将带领读者从网页设计的基础知识开始学起。

全书共分为 8 个部分：Part 0 介绍了网页设计的基础知识，包括服务对象决定的设计核心内容、建立网站所用的工作流引擎、页面内所使用的设计要素等内容；Part 1 分析了如何把握好网页设计的风格；Part 2 从对 10 种颜色的固有印象、搭配方法及配色理论几个方面讲解了网页设计中颜色的把控；Part 3 则从多个角度对不同行业、不同领域的网站中出现的信息设计方法及异同之处进行了分析，同时在功能、配色、版式等方面进行了逐一解析，使读者在实际的网页设计工作中可以将其作为参考；Part 4 则针对 PC、平板电脑、智能手机等设备的显示尺寸，从版式、构图两方面讲解了如何不断优化网页；Part 5 详细讲解了如何将照片、手绘插画等素材及字体、程序应用到网页设计中；Part 6 对于如何设计好"当下流行"的网页、版式布局的流行趋势，以及最新的网页技术进行了讲解和总结；Part 7 对网页中页眉、页脚、标题等设计要素进行了分类讲解，并介绍了各个要素的配置方式和版式设计，供读者参考学习。

本书案例丰富、讲解清晰、版式新颖，不仅适合网页设计师、用户体验设计师、前端页面开发人员阅读使用，同时还可作为各院校相关专业的教材。

◆ 编　　著　[日]久保田凉子
　　译　　　　宁　凡
　　责任编辑　王　铁
　　责任印制　陈　犇

◆ 人民邮电出版社出版发行　　北京市丰台区成寿寺路 11 号
　　邮编　100164　　电子邮件　315@ptpress.com.cn
　　网址　http://www.ptpress.com.cn
　　北京瑞禾彩色印刷有限公司印刷

◆ 开本：787×1092　1/16
　　印张：12　　　　　　　　　　　2019 年 1 月第 1 版
　　字数：558 千字　　　　　　　　2019 年 1 月北京第 1 次印刷
　　著作权合同登记号　图字：01-2017-9219 号

定价：88.00 元

读者服务热线：(010)81055296　印装质量热线：(010)81055316
反盗版热线：(010)81055315
广告经营许可证：京东工商广登字 20170147 号

导 言

"找不到设计灵感？"

"虽然有了思路，但什么才是必须表达的？如何才能制作出来呢？"

"想找到一个与客户沟通时所能参考的样本。"

本书就是为上述情况所准备的参考资料。

通过对大量优秀的设计实例进行参考，让自己在设计时能够获得更多灵感和思路。

本书收录了严选过的415个优质网站实例。

书中对网页设计的版式、配色、字体、素材、脚本等设计要素逐一进行分析，并进行简单易懂的讲解，从而使读者感受到表面上看不到的"设计的魅力"所在，并对设计工作产生立竿见影的帮助。

书中的目录分为印象、配色、行业分类等几个大项，不论对于设计师还是客户，都是简单直观的信息。

读者可以从"萌趣可爱"的风格设计到"咖啡店、餐馆"的行业性设计中，根据自己的设计方向进行快速查找，就像使用字典一样。

作者在撰写本书时，亲自向网页设计师和正在学习网页制作的学生进行了了解，收集了"设计中遇到的烦恼""想要了解何种信息""设计中碰到的瓶颈"等问题，完成了这本能够让刚入行的网页设计师和未来准备从事网页设计工作的人都能受用的书籍。

想要赶上网页设计日新月异的变化趋势，就需要接触大量各类的网页实例，增加技术积累。如果本书能够在网页设计工作的任何地方发挥作用，那将是作者的最大荣幸。

久保田凉子

2017年6月

目录

PART 2　从配色方面进行网页设计

PART 3　从不同行业、领域方面进行网页设计

PART 4　从版式、构图方面进行网页设计

PART 5　使用素材、字体、程序的设计

PART 6 网页设计的趋势

PART 7 网页各个要素的设计

本书的使用方法

本书收录了精选的 415 个优质网站实例。

为了方便网页设计师能在需要的时候迅速翻阅本书，可以先了解本书的使用方法。通过查看优秀的实例，使其变成自己的创意材料。当遇到设计瓶颈时，或者与客户洽谈的时候，请一定要参考本书，灵活运用书中的实例。

标题
通过简单的概述，让网页设计师或客户立刻就能理解设计主题。在目录中就可以根据标题找到自己所需的内容。

标题的内容概述
概括了该标题代表的设计内容所需的信息。

正文
详细讲述相应标题下的设计内容。同时列举了设计要素、配色参数、概念图等信息。

分项内容
结合标题对设计内容进行分项说明。左手页中会将具体内容分为3项，分别进行详尽讲解。

要点/专栏
对设计要点或需要掌握的信息做简要概括。

网站实例
所展示网页的实际截图。在不同的项目上会用各种标记标出，以进行相应的讲解。

网页设计
基础知识

网页的设计是由"印象"和"功能"来决定的。

这部分讲解的是与网页设计相关的各种基础知识，包括
从服务对象所决定的设计核心内容，到建立网站所用的
工作流引擎、页面内所用的设计要素等内容。

01 网页设计基础知识

01 什么是设计?

> **Design is not just what it looks like and feels like. Design is how it works.**
> 设计看重的不是看起来如何或感觉上如何,而是具有什么样的功能。
>
> 史蒂夫·乔布斯

史蒂夫·乔布斯曾经说过"设计看重的不是看起来如何或感觉上如何,而是具有什么样的功能。"

同时具有印象与功能且具备实用性的叫"设计",而以表现自我为主的叫"艺术"。这是两种不同的概念。

如果要设计一个面向大多数年龄段用户的网页,首先要明确用户群体,然后让页面能够有效地展现出主题,这样的网页设计才能给用户留下深刻印象。

Design 设计
·实用性
·向用户传递信息或展现目的
·客观性

Art 艺术
·自我展现
·即使不被别人所理解也是可以的
·主观性

印象 × 功能 = 网页设计

印象

展现表面的魅力,给用户留下印象

·色彩的组合
·照片加工
·文字排版
·装饰性要素

面向女性!华丽的样式

○ *Bridal Fair*
× **Bridal Fair**

俊美印象的照片

功能

整理信息,简明扼要

·将信息按照主次进行排列
·将信息分类成组
·以便于阅读的方式布置信息
·了解视线走向的规则

为"可用性"着想

·一目了然的动态操作
·便于使用版式和索引等

Header
Footer

对信息进行整理,使用让用户能够清晰方便地获取信息的版式。

START

GOAL
↓

让用户的视线按照左上、右上、左下、右下的"Z"字形顺序进行浏览。

网页设计

了解趋势

随着计算机硬件和浏览器版本的不断升级,网页设计趋势也会随之不断改变。所以要注意把握如今的技术能够展现出什么样的效果。

以桌面平台用户为对象的双专栏型网页设计。

↓

设计的趋势在改变

兼顾智能手机用户浏览的通用型单专栏设计。

©2 网页设计师的职责

网页设计师所要做的工作是根据客户提出的思路，将客户要求反映在设计成果中，让各种信息、设计能够有效传递给目标用户。

同时站在客户的角度，客观地制作网页，也是网页设计中十分重要的一点。

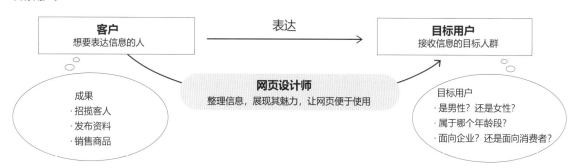

实例：潜水运动商店网页的重塑

印象
·将背景中与潜水印象无关的粉色改成象征海洋的蓝色和紫色。
·搭配大幅照片增强表现力。

功能
·登记信息分组布置
·页眉的右上登记了客服电话号码

©3 平面设计和网页设计的不同之处

平 面	网 页
在诸如 A4、B5 这样的限定版面内进行排版。 ※还要注意整体效果	由于是在个人计算机、智能手机等各种电子媒体上浏览，所以网页的尺寸会根据平台的不同而变化。 ※需要注意整体和首页的设计样式
采用 CMYK 颜色模式	采用 RGB 颜色模式
行距单位为 mm，文字单位是 pt	行距单位为 px，文字单位则为 px、em、%、rem
设计时将文字、照片、颜色等素材组合搭配起来	设计时文字、照片、颜色等素材需要根据程序进行搭配组合
经过校对，一旦印刷就无法修改，带有实体印刷品特有的厚重感。	**为了在交付以后能够适时改进，在设计之初就要有长远的眼光！**

┌ POINT ┐

提高网页设计水平的技巧

·参考本书在 P26 中介绍的网页设计参考网站，灵活运用其中的设计亮点。
·熟练掌握设计制作软件的操作方法。
·通过学习制作优质网页，提高自己的制作技法。

·从实例网页的功能性和观赏性两方面进行审视，了解当下网页设计的趋势。
·学习文字排版、配色等相关知识。
·积极动手多出作品。

PART0
02 网页的结构和工作流程

01 基础的网页结构

网页是将Photoshop等软件制作的素材通过HTML（Hyper Text Markup Language：超文本标记语言）组合而成的。通过HTML可以将文本与链接结合起来，或将图像、视频、音频等素材置入文本。同时还能对文本中的"标题""文章"进行解析，将网页的结构报告给搜索引擎或浏览器。

可是只有HTML的话，就只能做出一个只有文本的网页。如果使用CSS（Cascading Style Sheets：层叠样式表）或JavaScript语言，则能够制作出美观而充满动感的网页设计作品。

只有HTML的网页效果，各个项目主次不分，不便于浏览。

通过CSS制作出来的网页效果。各个项目排列有序、主次分明，颜色搭配适宜，易于浏览。

HTML

· 给文章赋予含义。
· 将文本与链接结合在一起，或将图像、视频、音频置入文本中。

文本　图像　视频　音频

读取

对HTML内素材进行控制的语言

CSS 调整版式的文件

例如，网页颜色搭配，将图像布置在指定位置。

JavaScript 调整动态的文件

例如，滚动图片播放、首页链接的动态效果。

※HTML语言又分为XHTML、HTML5等。目前HTML5是网页制作的主流。

◎2 工作流程

　　下图总结的是常见的网页制作工作流程。在这个流程中，最重要的是听取客户关于设计目标、设计结果的意见，将其整理后反映到网页设计中。

　　网页内容的整体设计对网页的功能有着决定性影响。

确立设计目标后，不是立刻将相关信息置入网页中，首先要做的是将需要刊载的信息进行整理分类，排列成便于使用和浏览的版式。

工作流程	与客户交流	所用的工具
接受委托		・邮件、电话等
↓		
与客户交流	交换意见	商讨表 ・Excel ・记录本 ・笔记 ・Google 表格
↓	预估报价 Case1	・网页搜索 ・实地预先取材 ・使用 Google Analytics 数据服务
调查分析		
↓		・PowerPoint ・Excel
网页设计（参数表、网站地图）		
↓	预估报价 Case2	・PowerPoint ・Illustrator ・Excel ・在线服务（POP、Cacoo、Adobe XD 等）
图像信息设计（制作网页框架）		
↓	确　认	・Photoshop ・Illustrator ・Sketch
设计开始		
↓	确　认	使用编辑器进行 HTML、CSS、JavaScript、PHP 等语言编写。 ・Dreamweaver ・Sublime Text ・Coda ・Atom ・Brackets 使用 CMS（内容管理系统）进行管理。定制更新的系统。 ・WordPress ・MovableType ・EC-CUBE
译码		
↓		
编程・内容管理系统启用		
↓		FTP 客户通过服务器上传数据 ・Dreamweaver ・WinSCP ・Transmit ・FileZilla ・FFFTP ・Cyber Duck
上线测试		
↓	确　认	
交　付		<更新参数表> ・PowerPoint ・Word ・Adobe Illustrator
↓	最终报价	
运　营		<解析报告> ・Google Analytics ・Google Search Console
↓		
修　改		

◯1 网页的基本结构

在网页中布置有各类图标的"页眉"、链接站内页面的"全局导航"、包含主体内容的"主栏"、版权说明，以及展示首页链接的"页脚"。

在这些页面区域中，还要安排"功能"和"信息传递"等部件。

首页结构示例

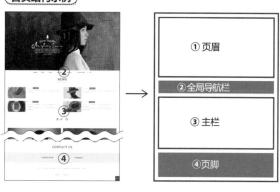

① 页眉

② 全局导航栏

③ 主栏

④ 页脚

下级页面结构示例

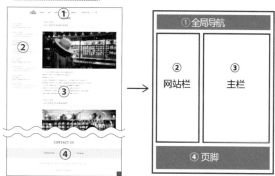

① 全局导航

② 网站栏　③ 主栏

④ 页脚

◯2 版式设计的4个规则 (详见P136的专栏)

·靠近·对齐·重复·对比

◯3 引导用户视线的浏览顺序（"Z"字形布局、"F"字形布局）

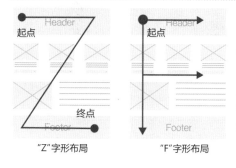

"Z"字形布局　　　"F"字形布局

所谓"Z"字形布局或"F"字形布局，是指引导用户浏览页面时，按照"Z"字形或"F"字形的路径顺序进行浏览。将客户所要宣传的要素按照这个浏览顺序进行布置，可以有效地使用户了解相应的内容。

当用户第一次浏览"Z"字形布局的页面时，其视线会按照先左上到右上、后左下到右下的顺序进行移动。用户从左上方浏览到右上方以后，会在布局的引导下，将视线移动到起点偏下的位置并继续向右浏览，反复进行这个过程，直到浏览完整个页面。

专栏

关于网页浏览器

网页浏览器是指登录、浏览网站时所使用的一种软件。

网页浏览器分不同的种类，在日本，个人计算机常用的几种浏览器软件分别是Google Chrome、Internet Explorer、Firefox，而智能手机上常用的浏览器则是Safari、Google Chrome、Android Browser※。浏览器的编码解析和插件功能，会随着版本变化而变化。

为了让制作好的网页在不同设备的浏览器上都能够正常显示，就一定要确认这些浏览器的编码、插件功能上的具体变化。

Microsoft Edge　Google Chrome　Safari　Mozilla Firefox

※参考自2016年10月的StatCounter Global Stats 统计数据

页眉

●标志

Palabra

●搜索框

●社交网站链接

全局导航栏

| 首页 | 公司简介 | 服务内容 | 常见问题 |

主栏

●主视图

让所有的内容变成文字和声音

●图像

●视频

●相册 / 幻灯片

●文本

　网页设计不能只重视美观性，其功能性也需要用心设计。因此在前期，内容信息上的设计是整体设计中的重要一环。

●标题

●谷歌地图

●社交网站插件

●对话框

●对话框

上映时长	1 小时 20 分钟
语言	日语 / 英语
推荐观众年龄	15 岁以上

●列表

· 关于网页设计
· 如何设计好网页
· 今年的趋势

●宣传语

20%OFF SALE

●当前位置

首页→常见问题

●链接按钮

在线预约　　>

●读取中

●页面号码

1 2 3 4

●分割线

页脚

●版权所有

copyright © coco-factory all rights reserved

●文字链接

关于 UI UX

●回到首页

04 网页中所用的图像

01 网页中所用图像的格式

网页中的图像是用来表现视觉信息的组成部分。

网页中所用的图像主要是点阵图的 JPEG、PNG、GIF

格式，以及矢量图的 SVG 模式。每种格式的图片都有其独有的特点，使用方法也各有不同。

点阵图

- 点阵图由正方形的像素点组成
- 放大图像以后，效果会变粗糙
- 能够实现照片级别的丰富细腻色彩

矢量图

- 矢量图是由线条连接的点构成，属于数字信息的组合
- 矢量图放大后也不会变得粗糙
- 主要用于由图形构成的插画、标志、文字等方面

点阵图的种类

JPEG 适合表现颜色丰富的照片

优点
- 可以控制压缩率
- 文件比 PNG 格式要小

缺点
- 一旦降低画质，就无法复原
- 覆盖存储也会导致画质损失

GIF 适用于商标、标志、动画等图像

优点
- 文件小
- 支持背景透明的效果

缺点
- 制作成动画文件时只能使用 256 色颜色模式
- 在高分辨率显示器上观看效果不理想

PNG 适合表现颜色丰富的照片或背景透明的图像

优点
- 支持背景透明效果
- 具有像 GIF 一样用 256 色显示的 PNG-8 格式
- 也有使用真彩 24 色模式显示的 PNG-24 格式

缺点
- 文件比 JPEG 格式的大

PNG格式的图像可以让背景透明化 ——→

矢量图的种类

SVG 适用于商标、标志、图形、动画等图像

优点
- 可以制作成动画
- 放大尺寸画质也不会受损，适合高分辨率显示器观看

缺点
- 复杂的图形会使文件容量增大

---

⑫ 分辨率和颜色模式

分辨率是指1平方英寸里的像素点密度。网页中所用的图像分辨率一般为72dpi，选用RGB颜色模式。而印刷用的图像则采用300dpi以上的分辨率，颜色模式有CMYK、灰度、双色调等。

CMYK颜色的图像也可以用于网页，而RGB颜色的图像用于印刷的话，色彩效果就会发生改变。

RGB 72dpi   **CMYK 300dpi**

上面左侧是网页用72dpi的图像，右侧是印刷用300dpi的图像。能够明显看出分辨率上的差异。

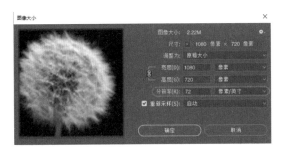

执行Photoshop菜单栏中的"图像"→"图像大小"命令，可查看当前图像的分辨率，并能对其进行调整。

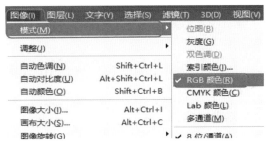

执行Photoshop菜单栏中的"图像"→"模式"命令，可以改变图像的颜色模式。

⑬ 根据显示器的尺寸来调整图像的宽度

StartCounter在2016年2月～2017年2月的统计结果

如果需要让图像铺满显示器两端，就要将图像的尺寸设定成大多数显示器都能使用的分辨率。左图是StartCounter调查的日本国内计算机用户所用显示器的种类统计。截至2017年2月，使用最多的是1920×1080分辨率的全高清显示器，然后是1366×768分辨率的高清显示器。参考这个结果，只要让图像宽度大于1366，就能适合于大多数用户。

┌─ **POINT** ─────────────────────────────

如果需要尽可能保持页面内照片的图像质量，可以将图像保存成PNG或JPEG格式。

近年来PNG格式的图像在网页中用得越来越多，但是如果需要像幻灯片一样在页面内布置多张图像，就需要注意下面。

下面两幅图是宽度为1920像素的照片，通过Photoshop分别被保存成JPEG格式（80dpi）和PNG格式。

左图为JPEG格式，大小约为859KB。右图为PNG格式，大小约为3.8MB。两者的大小相差大约有4倍。图像尺寸的大小直接影响页面的刷新速度，所以需要压缩率高的JPEG格式的图像。

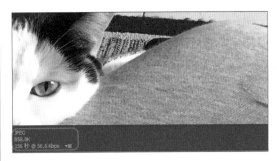

05 网页设计与文字版式

01 设计美观易读的网页

网页文字在版式上选择适当的字体、字号、字距、行距，对于用户的阅读感受有着至关重要的影响。

传统的纸质印刷品所用的版式设计理念，很自然地被网页设计所借鉴。在网页设计中，只要选择好恰当的字体，就能提高观赏性和可读性，形成美观易读的版面。

基础字体

字体分中文字体和英文字体两大类。中文的宋体和英文的衬线体，其字体笔画有着粗细不一的设计，并且在笔画的开端和末尾都带有装饰笔画。而无任何装饰，笔画粗细一致的字体在中文和英文中分别是黑体和无衬线体。

衬线（装饰笔画）

| 宋体 | 文字 EG | 衬线体 |
| 黑体 | 文字 EG | 无衬线体 |

02 基础字体

中文字体大致分为行书体、宋体、黑体、手写体几个类型。
英文字体大致分为书写体、衬线体、无衬线体、手写体几个类型。

| 中文 | 行书体 永 | 宋体 永 | 黑体 永 | 手写体 永 |
| 英文 | 书写体 *ABC* | 衬线体 ABC | 无衬线体 ABC | 手写体 *Abc* |

POINT

手写字体中包括很多特殊的字体，种类十分丰富。

这些字体样式非常有设计感，但一定要将其运用在恰当的地方。考虑到对可读性的影响，并不推荐通篇使用类似字体。

03 了解字体风格，结合版式布局选择恰当的字体

了解了字体样式所表现出的风格后，就能够结合页面版式选择出恰当的字体，可以有效提高页面品质。下图中列举了字体样式所象征的不同风格。

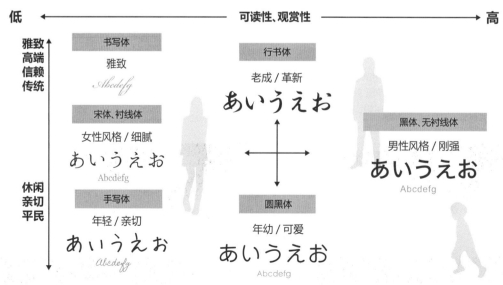

低 ← 可读性、观赏性 → 高

雅致 高端 信赖 传统

书写体
雅致
Abcdefg

宋体、衬线体
女性风格 / 细腻
あいうえお
Abcdefg

手写体
年轻 / 亲切
あいうえお
Abcdefg

行书体
老成 / 革新
あいうえお

圆黑体
年幼 / 可爱
あいうえお
Abcdefg

黑体、无衬线体
男性风格 / 刚强
あいうえお
Abcdefg

休闲 亲切 平民

※类似字体笔画粗的就象征男性风格，细的就象征女性风格。字体笔画的粗细变化对字体所表现出的风格也是有影响的。

⑭ 调整行距使文章便于阅读

行距对于由多行文字构成的文章来说是十分重要的。通过CSS的line-height属性进行调整。

根据不同的字号和字体，行距的调整参数也各有不同。英文的行距一般设置为120%以上，中文的行距则设置为150%~200%，这样阅读的时候视觉效果才够理想。另外，导航栏中的文字应该尽量控制在1行以内，如果是全角文字，字数不宜超过40字。

Before		After
夕凪の静かな川に、淡い雲が浮かぶ。街が赤くゆらり染まる8月の夕べ。傷跡が残る景色を包み込むような歌が、どこかの	→	夕凪の静かな川に、淡い雲が浮かぶ。街が赤くゆらり染まる8月の夕べ。傷跡が残る景色を包み込

⑮ 用大小不同的字号让文章主次分明

为了让用户能够迅速把握文章的主要内容，需要让文章标题更为醒目。

一般的文章采用14px~16px字号的较多，因此文章标题的字号最好是正文字号的2倍以上，再加粗字体，就能够让用户一目了然。

Before		After
8月の夕べ 夕凪の静かな川に、淡い雲が浮かぶ。街が赤くゆらり染まる8月の夕べ。	→	**8月の夕べ** 夕凪の静かな川に、淡い雲が浮かぶ。街が赤くゆらり染まる8月の夕べ。

⑯ 调整字间距，改变文字的视觉效果

通过CSS的letter-spacing属性来调整字间距。字间距小就会产生紧致的效果，反之则可以表现出疏松的效果。

通常我们设置letter-spacing为letter-spacing：0.05em，多数网页会使用em这个单位。

Before		After
夕凪の静かな川に、淡い雲が浮かぶ。街が赤くゆらり染まる8月の夕べ。傷跡が残る景色を包み込	→	夕 凪 の 静 か な 川 に、淡 い 雲 が 浮 か ぶ。街 が 赤 く ゆ ら り 染 ま る 8 月 の 夕 べ。傷 跡 が

⑰ 两端对齐

如果希望文章版式像杂志一样两端对齐，可以在CSS中将text-align:justify;和text-justify：inter-indeograph；两种属性结合起来，实现两端对齐的效果。

Before		After
夕凪の静かな川に、淡い雲が浮かぶ。街が赤くゆらり染まる8月の夕べ。傷跡が残る景色を包み込	→	夕凪の静かな川に、淡い雲が浮かぶ。街が赤くゆらり染まる8月の夕べ。傷跡が残る景色を包み込

⑱ 左对齐

左对齐是行首向左对齐，以提高文章的可读性。在响应式网页设计中，如果首页文字以居中对齐的方式布置，那么用于智能手机的页面时，就应该让文字左对齐，这样也不会让文章的转行显得十分突兀。

Before		After
夕凪の静かな川に、淡い雲が浮かぶ。街が赤くゆらり染まる8月の夕べ。	→	夕凪の静かな川に、淡い雲が浮かぶ。街が赤くゆらり染まる8月の夕べ。

专栏

设计小窍门

■ 让助词、单位的字号比其他文字小一点。

Before		After
揺れる花と踊る風	→	揺れる花と踊る風
１００円	→	１００円

■ 让括号字体变细。

Before「秋」	→	After「秋」

■ 改变字体造型。

Before 揺れる花	→	After 揺れる花

01 光的三原色和颜料三原色

计算机和智能手机的显示屏所显示的图像是通过光的三原色，即由红（Red）、绿（Green）、蓝（Blue）这三种颜色合成的。通过调节三种颜色的混合比例，可以改变画面的亮度，最终可以变成全白色。这种颜色的混合方法叫作加法混色。通过CSS对颜色进行设置的时候，是根据RGB的顺序从0~f以16进制的方式进行设置，RGB的各项参数之间用半角逗号分隔。

例如，设置红色

16进制→#ff0000　rgba (255,0,0,0.5)

※a表示透明度（0为全透明，1为不透明）。

另外，印刷所用的颜色是由C（蓝色）、M（洋红）、Y（黄色）构成的 "颜料三原色"，这三种颜色混合后会变为黑色，属于减法混色。为了印刷出不会透色的黑色，在CMYK的基础上增加了一个黑色K，于是就形成了CMYK颜色。

02 颜色的三种属性与色调

人们将色相、亮度、饱和度称为颜色的三种属性。色相是指颜色的种类，亮度是指颜色的明暗，饱和度指的是颜色的鲜艳程度。不含有色彩的白色、灰色、黑色被称为 "无彩色"，而像红、绿、蓝这样的颜色则被称为 "有彩色"。

亮度和饱和度搭配组合而产生的概念就是 "色调"。

03 网页安全色

网页上的颜色，会因为用户所用的不同显示器而产生些许色差。尤其是很浅的颜色，有时会产生非意愿中的效果，需要格外注意。

网页安全色有216种颜色，这些颜色不论在什么显示器上显示都不会有太大的差异。

虽然在设计网页时并非必须选择这216种颜色中的色彩，不过在使用单色效果或希望颜色对比鲜明时，最好还是参考一下网页安全色。

04 从用户角度进行颜色搭配

有资料显示，色觉异常（色盲、色弱）患者在日本男性里每20人中就会有1人，女性则是每500人中会出现1名。

在设计网页的颜色时，要考虑到色觉异常患者的需要，不要使设计要素完全依赖于色彩表现。

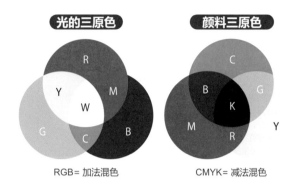

光的三原色　　　颜料三原色

RGB= 加法混色　　　CMYK= 减法混色

色相（H:Hue）

颜色的种类

亮度（L: Lightness）

暗← →明

颜色的明暗

饱和度（S: Saturation）

低← →高

颜色的鲜艳程度

#FFFFFF	#CCCCCC	#000000	#FF3300
#FF9900	#FFFF00	#33FF00	#339900
#0066FF	#66CCFF	#CC00FF	#FF3399

POINT

色觉的种类

C 型：红、绿、蓝色觉椎体细胞完整。

P 型：缺少红色觉椎体细胞，对红色感觉有偏差。

D 型：缺少绿色觉椎体细胞，对绿色感觉有偏差。

T 型：缺少蓝色觉椎体细胞，对蓝色感觉有偏差。

※先天性色觉异常患者最多。

色调

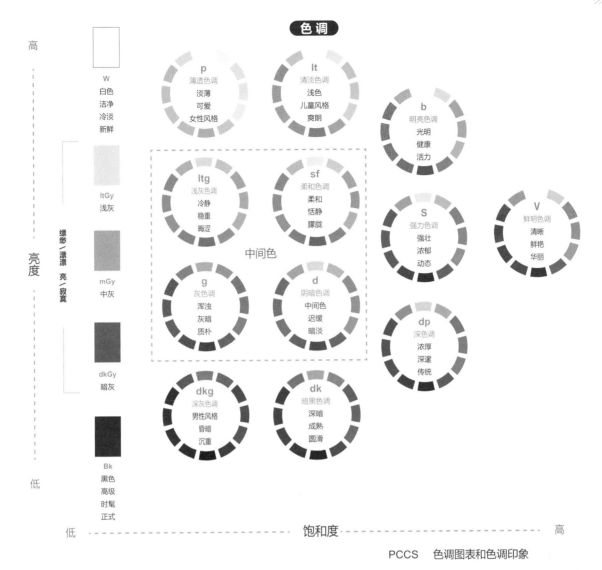

PCCS　色调图表和色调印象

通过调整补色让照片的色调更加理想

如果将RGB颜色布置成12色的色相环可以发现黄色 (Y) 的相对位置上是紫色 (V) 或蓝色 (B)。这种处于相对位置上的颜色就互为 "补色"。理解补色关系，对照片色调进行调整。

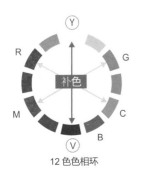

12 色色相环

调整前 (照片色调偏黄)

提高蓝色参数，偏色得以平衡

调整后

通过Photoshop对这幅色调偏黄的照片进行调整。打开 "图像→调整→曲线" 功能，选择 "蓝" 通道，适当调高其曲线值，色调偏黄的现象就能得以平衡。

⑤ 不同颜色所代表的印象

每种颜色所代表的印象各不相同，而不同的人、国家、文化对于颜色印象的看法也有所不同。

企业的商标等标志被称作企业标识，可以用来宣传企业的形象、业务范围等。标识所用的配色也会参考目标客户进行设计。

Joe Hallock根据不同性别的人对于颜色的偏好进行研究，发现不论男性还是女性，最喜欢的颜色都是蓝色，男性方面更喜欢深暗的色调，而女性则喜欢柔和明亮的色调。

以下列举的是人们对于常见颜色的印象，以及适合使用相应颜色的网页示例。

红
Red

积极的印象：热情、爱情、胜利、积极、冲动
消极的印象：危险、愤怒、争端

适用的网页：餐饮、庆典活动

黄
Yellow

积极的印象：明亮、活泼、幸福、跃动、希望
消极的印象：疾病、背叛、警告

适用的网页：食品、体育

粉
Pink

积极的印象：可爱、浪漫、年轻
消极的印象：幼稚、纤细、脆弱

适用的网页：婚礼、面向女性用户的网站

橙
Orange

积极的印象：亲切、活力、家庭、自由
消极的印象：任性、吵闹、轻浮

适用的网页：交流、饮食、面向年轻用户的网站

紫
Purple

积极的印象：高级、神秘、高尚、优雅、传统
消极的印象：不安、嫉妒、孤独

适用的网页：时尚、珠宝、占卜

褐
Brown

积极的印象：温暖、自然、安心、坚实、传统
消极的印象：顽固、污秽

适用的网页：酒店、旅馆、室内装饰、古典

蓝
Blue

积极的印象：智慧、冷静、诚实、清洁
消极的印象：寂静、冷漠、悲哀、病态

适用的网页：企业标识、医疗、化学、科技

白
White

积极的印象：祝福、纯粹、洁净无瑕
消极的印象：空虚、不恰当、冷淡

适用的网页：医疗、新闻、电子商务、美容、企业标识

绿
Green

积极的印象：自然、和平、休闲、年轻、环保
消极的印象：保守、不成熟

适用的网页：户外、餐饮

灰
Gray

积极的印象：实用、稳重、节制
消极的印象：暧昧、疑惑、不正当、无力

适用的网页：工业、家电、时尚

黄绿
Yellow green

积极的印象：新鲜、天然、年轻、新颖
消极的印象：不成熟、孩子气

适用的网页：新生活、新时代、前卫

黑
Black

积极的印象：高级、雅致、洗练、一流、威严
消极的印象：恐怖、不安、绝望

适用的网页：汽车、珠宝、时尚

专栏

颜色搭配方法的参考网站

如果想了解更多关于颜色搭配方法的知识,可以参考以下网站。

● **颜色 COLOR**

像字典一样,网站从色标到设计讲座,收录了大量有关颜色的知识。

● **COLOR NOTE**

以图文并茂的形式介绍与颜色相关的各种基础知识的网站。

● **颜色样本和配色网站**
-color- sample.com

从色相、亮度、饱和度、颜色名称等各个方面对颜色进行介绍。

专栏

用于判断色觉异常患者所看颜色效果的工具

医院或行政机构的服务网站面向的用户群体非常广泛,这就需要事先确定网页的颜色效果在色觉异常患者眼中是什么样的。

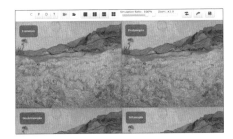

● **Chromatic Vision Simulator**

通过顶部菜单上的选项,来确认色觉为C型、P型、D型、T型的用户所见的色觉效果。

● **Photoshop**

Photoshop CS4以后的版本也加入了确认色觉类型的功能。

打开"视图"→"校样设置",在子菜单的下方可以选择查看相应的色觉异常类型。Windows版本的快捷键为[Ctrl+Y], Mac OS版本的快捷键是[Command+Y]。

专栏

在醒目位置或页面按钮上反映出颜色的印象

暖色象征前进,有着积极向上的印象。而冷色象征后退,带有冷静的印象。

颜色所传达的信息比语言更直观,所以可以反映在网页的醒目位置或按钮上。

有发展前途的职场！ `60%OFF ›`　　　　**有发展前途的职场！** `60%OFF ›`

借由暖色所象征的前进感,在本示例中表现出的效果比语言更出众。　　由于冷色系有着后退、冷静的印象,并不适合用于这个示例。

PART 07 配色的基础知识

01 参考色相环进行配色

协调的色调是根据色相环的规则搭配出来的。

理论上，色相环中位置相对的两种颜色搭配起来就是协调的。如果在色相环中以颜色位置作为顶点绘制一个等边三角形，那么位于顶点的这三种颜色也是相互协调的。同理，如果在色相环中以颜色位置作为角点绘制矩形，那么位于4个角点上的颜色相互搭配起来也是协调的。

通过色相环理解颜色的使用方法

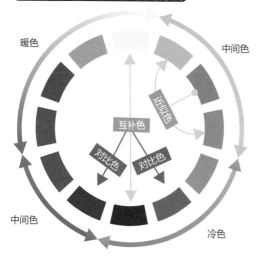

暖色　中间色　近似色　互补色　对比色　对比色　中间色　冷色

- 近似色：色相环上相邻位置的两个颜色被称作近似色，可以十分自然地调配在一起。

- 互补色：位于色相环上 180 度相对位置上的两个颜色。

- 对比色：互补色与其相邻位置上的两个颜色。

- 暖色：带有温暖感的颜色，这种色彩能够使人感到精神兴奋，比冷色更容易吸引目光。属于膨胀色，有鲜明的跳跃感，给人以前进的印象。

- 冷色：带有寒冷感的颜色，使人感到冷静与沉寂。属于收缩色，给人以收缩后退的印象。

- 中间色：位于暖色和冷色之间的颜色。

同色相颜色的搭配

(单色配色)

在色相环中选择1个颜色，通过改变其亮度与饱和度的方法，搭配出色调统一的色彩方案。

相近色相颜色的搭配

(近似色配色)

在色相环中选出 3 个相邻的颜色进行搭配组合。由于颜色相近，整体感强，不容易失败。

补色之间的颜色搭配

(双色配色)

将色相环中相对位置上的两个颜色组合在一起的配色方法。由于对比鲜明，配色时可以作为重点色的备选。

一种颜色与其两种补色的搭配

(双补色配色)

将色相环中的一种颜色与其两种补色进行搭配，能够比较容易获得协调的色彩效果。

3 种颜色的配色

(三色配色)

将色相环中位于等边三角形3个顶点位置的颜色搭配在一起的配色方法。这种搭配有着十分丰富的变化，可以在获得强烈对比效果的同时，得到协调的颜色。

4 种颜色的配色

(四色配色)

将位于色相环4个等距位置上的颜色组合在一起的配色方法。这样的组合会产生两组互为补色的颜色，所以表现出的是热闹非凡的效果。

02　参考色调进行配色

改变不同色相颜色的亮度和饱和度的配色示例。

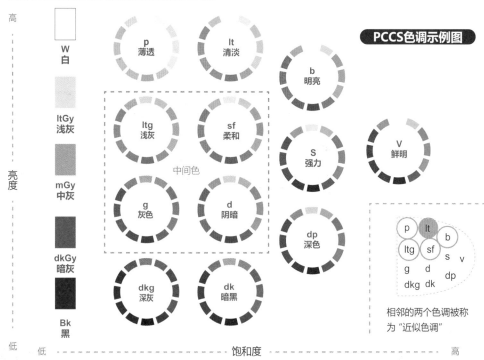

PCCS色调示例图

相邻的两个色调被称为"近似色调"

主色系配色

将相同色相中3个以上不同色调的颜色搭配在一起。适合表现出颜色本身所带有的印象。

主色调配色

选用相同的色调（也可以是近似色调），将三种以上的不同颜色搭配在一起。适合突出色调所带有的印象。

同色系配色

将亮度差异较大的同色相颜色搭配在一起，以构成统一、明快的色彩效果。

※属于主色配色的一种。

同色调配色

将不同色相，但统一色调（也可以是近似色调）的颜色自由搭配在一起。

※属于主色调配色的一种。

浊色配色

将不同色相的浊色系颜色自由搭配在一起。适合用于表现沉稳的印象。

单色配色

将相同色调、色相的颜色组合在一起。各个颜色之间的色相、饱和度、亮度差异很小。

可供参考的网页设计网站

下面为大家介绍几个能够了解到最新设计、技术趋势的设计类网站。空闲时候浏览这些网站也是一件十分养眼的事情。

● **I/O 3000**

为网页设计相关人士设立的作品展示网站。任何人都可以访问，无地区限制。在页面右上方的搜索框中可以搜索相应的关键词。

● **Straightline bookmark**

该网站收集了用于网页设计的参考资料、实例展示及相关介绍的链接。在搜索框中可以输入颜色名称或类型名词来查询所需的信息。

● **Bookma! v3**

为网页设计者制作的书签式参考资料网站。网站提供根据颜色、喜好、门类等方面，按照新旧顺序或已阅览顺序进行检索的功能。

● **81-web.com**

汇集了大量对网页设计有帮助的日本网页设计样本和链接。

● **MUUUUU.ORG**

收集有大量高质量竖排版式设计的网页链接的网站。将鼠标光标放在页面左侧的CATEGORY栏上时，分类检索选项就会自动展开。

● **Responsive Web Design JP**

收录了日本国内优秀的、具有影响力的网站展示和链接。网站提供根据类别和颜色进行检索的功能。

● **Zzrock**

该网站收集了各种炫酷风格的网站设计，并提供相应网站的链接。将鼠标光标移动到页面左上角的图标上，就可以展开分类检索的菜单。

● **Awwwards**

该网站展示的是通过世界各国的网页设计师投票选出的优秀作品。打开页面左上方菜单中的Winners选项，就可以浏览并检索相应的获奖作品了。

● **Pinterest**

这个网站上展示的设计方案可以保存在注册用户的个人账户中，这些设计方案中不乏品质优良的案例。

从风格方面进行
网页设计

在进行网页设计时，诸如"可爱""高端"等设计风格是如何营造出来的呢？

想要展现出设计的风格，就要对字体、素材、配色进行分析，掌握想要表现出的风格是由何种要素构成的。本章将对如何把握风格进行讲解。

PART 1
01 源自可爱的萌动设计

营造出可爱萌动设计风格的方法

不论采用暖色系配色还是冷色系配色，只要提高颜色的亮度，就能搭配出可爱的风格。

字体的选用，可以是面向儿童的圆黑类字体，这种字体产生的是亲和力强的感觉。如果想表现女性特有的美丽，选用宋体类字体也是不错的选择。

将圆点、蕾丝、蝴蝶结、花草植物，以及手绘图案等素材搭配起来，进一步增强可爱的风格。

❶ 配色

R246 G239 B130	R248 G213 B179	R242 G197 B203
R232 G153 B175	R209 G217 B078	R179 G211 B219

❷ 字体

中圆黑体　　　　**细圆黑体**

Curlz MT　　**VAG Rounded Bold**　　Hobo Std Medium

❸ 素材

01 多使用蕾丝、格纹、花朵等图案的素材来装饰网页

右图是鸡尾鹦鹉专卖店"Bay Birds"的主页。该页面采用白色和米色作为底色，上面覆盖一层蜡笔风格的蓝绿色花纹。

❶ 将去掉背景的鹦鹉照片作为主视图，并与柔和的黄色和粉色水彩花纹组合在一起。同时照片外围被铅笔画风格的圆形图框所包裹，增强了柔和的效果。

❷ 全局导航部分采用了手写风格的文字图标，下面衬有蕾丝花纹。

❸ 植物花环图案、心形图案、标题下面由小圆点组成的曲线等要素，让可爱的风格不仅依靠鹦鹉的照片得到提升，还能通过这些装饰素材得到进一步加强。

使用项链式的花纹和帐篷形底色作为背景，并在文字后面用圆形彩绘图案做衬垫，最后在左下方搭配上鹦鹉的照片。

通知栏的背后用水滴图案制成阴影。"Information"字样的彩旗也营造出可爱的气氛。

标题的底图使用的是格纹图案，四周布置有彩色铅笔手绘风格的装饰框，右侧是去掉背景的鹦鹉照片。

02 薄透色调的配色案例

　　销售香水等女性用品的 "Parfait Amour"，其网站通过柔和的粉色、浅蓝色、黄色的搭配，构成了薄透的主色调。同时将金色作为重点色使用。

　　花朵、蝴蝶结的装饰图案被大量布置在页面中，非常容易吸引年轻女性用户。

	R252 G236 B238		R250 G248 B215		R209 G234 B234
	R255 G255 B255		R229 G125 B117		R200 G155 B053

03 卡通图案的使用案例

　　这是以销售卡通图案贴纸、转移贴等产品的 "Made of Sundays" 公司的网站。

　　通过蜡笔风格的配色设计，将产品中可爱的动物图案充分展现在用户面前。画面右下方布置的微笑卡通小熊图标，能够随着页面滚动而上下移动。

	R249 G223 B224		R148 G207 B209		R250 G236 B186

04 用波浪线修饰照片的边缘

　　网页的WordPress主题能够让人感受到西式甜品店的氛围。用高亮度的蓝色、紫色等冷色系颜色展现出可爱的网站风格。同时将低饱和度的产品照片作为主视图，还将照片上下边缘处理成波浪形，展现出如同叶片似的可爱印象。

	R179 G211 B219		R184 G172 B200		R105 G138 B151
	R126 G109 B157		R236 G235 B234		R124 G124 B124

05 使用圆体字

　　使用圆体字不仅可以让文字的视觉效果显得柔和，还能让用户感受到亲和力。

　　这个 "奥山动物医院" 网站的各项文字上，使用了 "Noto Sans CJK JP" "Lato" 等日文字体。左上方的企业标识上还使用了微笑着的卡通猫狗图案。

	R093 G186 B234		R170 G207 B077		R255 G255 B255
	R228 G203 B178		R250 G245 B230		R233 G201 B198

PART 1
02 充满活力的流行风格设计

充满活力的流行风格的设计方法

流行风格的设计是由多种鲜明的色彩搭配出来的。

页面内文字多使用艺术字体，还要通过斜体、描边，以及改变字体粗细的方式进行装饰。

页面所使用的素材可以是作为底色的网点图案或斜纹图案，也可以是照片或手绘插图，抑或是标签按钮的图案。类似这样的素材可以让画面气氛更加热闹、充满活力。

❶ 配色

R234 G191 B042　R218 G087 B137　R232 G142 B079
R053 G174 B221　R213 G081 B103　R103 G179 B099

❷ 字体

粗黑体　TrueLogoG-Extra Regular　中黑体
Cooper Black　**Impact**　PHOSPHATE

❸ 素材

01 背景部分可以多用网点或斜纹图案

在"大竹中等专业学校"的主页上，将浅蓝、浅绿、粉色搭配起来，构成了一幅色彩缤纷的画面。而近似于荧光色的黄色，则是作为重点色点缀在画面中。

❶ 页眉的上部、标题的背景部分，以及主视图的背景等，都衬有网点和条纹图案，表现出流行的风格。

❷ 主视图被镶嵌在倾斜造型的图框中，表现出欢呼雀跃的氛围。

❸ 艺术字体构成的标题以造型优美的英语词组作为主体，日语部分则作为副标题使用。英语标题中的一部分字母做了加粗的装饰，日语的副标题两侧则用细横线分割开。

圆形底图所用的4种颜色都采用相同的柔和色调，每种颜色都由不同亮度的两层色彩构成。

圆形的照片旁边布置的网点图案和文字图框让页面效果具有了流行色彩。

在文字内容较多的页面中，通过标题旁边黄色和蓝色的三角形斜纹图案，显著提高标题的醒目程度。

02 高亮度的多彩配色

高亮度颜色能够表现出爽快健康的印象。在"Usable IoT卡"的网站中，将带有明快色调的多个不同颜色搭配在一起，构成了一个色彩缤纷的画面。

主视图中的透明的网点图案与黄绿色底色叠加在一起，使明亮的效果得到加强。在由鲜艳色彩构成的圆角图框中，用黑白的手绘图来展现流行元素。

- R044 G150 B193
- R224 G143 B031
- R222 G106 B124
- R174 G093 B155
- R121 G182 B068
- R239 G230 B071

03 用手绘图案装饰标题

小学生用品销售网站"小学生书包 - 天使的翅膀"的主页上用多幅儿童模特照片进行了装饰。

标题的一部分被布置在造型充满活力的文字框或旗帜形图框中。手绘风格的插图也是重要的流行元素。标题的不同文字用浅蓝色和粉色区分开，以表示面向不同性别的用户。

- R234 G191 B042
- R232 G142 B079
- R218 G087 B137
- R213 G081 B103
- R103 G179 B099
- R051 G135 B192

04 通过轻快的动态效果展现流行氛围

"股份公司TryMore"的网站采用的是美式漫画风格的插图。使用CSS3的transform属性为所有页面都加入倾斜的底纹图案。

打开页面时，图标会以动画的形式呈现出来，上下翻屏时，页面背景上的多彩底纹也会随之产生相应的动态效果，使网站整体效果都充满流行氛围。

- R143 G204 B230
- R226 G143 B180
- R233 G206 B066
- R117 G189 B150

05 将照片和插图装饰成贴纸风格

鲜艳的粉色、浅黄色、浅绿色这三种不同颜色的三角形图案在页面中组成各种造型，让"墨西哥鳄梨料理"的网站充满热闹的气氛。

食物照片与手绘插图被装饰成贴纸效果，手写文字则布置在文字框中，展示出健康快乐的画面风格。

03 洋溢着雅致高端气息的设计

洋溢着雅致高端气息的设计

销售高级婚纱、珠宝饰品类女性用品的网站多使用黑白或茶色作为基色，然后点缀适当的金色作为重点色。

网页文字主要采用宋体类字体，作为装饰的英文则使用书写体来展现华丽的样式。页面背景部分和标题的下方常设置锦缎式花纹，以显高雅氛围。

① 配色

 R000 G000 B000　 R164 G125 B114　 R142 G121 B094

R084 G090 B093　　R234 G225 B222

② 字体

宋体　　细宋体　　中宋体

COPPERPLATE　*Zapfino*　didot　*Exmouth*

③ 素材

Brand

お知らせ *News*

---

01 利用背景中布置的锦缎花纹增加华丽效果

销售结婚戒指的"BIJOUPIKO"网站，其主页的主色调是由白色和茶色构成的。

1 "ABOUT"的背景部分使用的是古典风格的锦缎式花纹图案，这种图案能够让背景色透过图案叠加出半透明的效果。

2 文字的部分采用英文衬线字体和中文的宋体类字体，让所有文字都显示出华丽的气氛。另外，文字采用居中的布局，并在两侧留出大量的空间。

3 标题部分用简单的线条进行装饰和区分。

每个分栏中都布置了珠宝首饰的照片，展现出文字所无法表现的奢华感。

主视图配用的标题文字采用英文的衬线字体和中文的宋体类字体。主副标题则通过钻石的图标与横线进行了区分。

在链接项的设置上，将照片放置在黑色透明的图层下，并衬上白色的文字，以表现品质感。

行云流水般的书写体文字用于局部的装饰，通过与日本文字的组合，表现出华丽的气氛。

02　将线条作为装饰使用

线条类的图形素材经常被用于表现高雅的画面效果。

在 "Linnea's Lights" 的主页上所展示的展品包装就能看出这种线条设计元素。

同时，华丽的英文商标书写体及标题下的虚线，都彰显了产品的品质。

■ R164 G125 B114　■ R234 G225 B222　■ R152 G141 B134
■ R085 G131 B150　■ R202 G177 B149　■ R000 G000 B000

03　让黑色成为醒目的标记

在 "Jemimah Barnett" 的主页中，浅色背景上布置了采用大字号黑色衬线字体的网站名称，设计风格十分鲜明。驼色与黑色是化妆品、时尚用品领域中经常使用的色彩搭配。

页眉中间的商标文字则使用了华丽流畅的书写体。

■ R228 G213 B202　　■ R184 G197 B209　　■ R000 G000 B000

04　金色的重点

"MIKIMOTO" 的主页将白色当作基调，搭配衬线字体和宋体类字体的文字。

背景上布置的是经过抠图处理的商品照片，在金色标题文字的衬托下，画面呈现出高级雅致的效果。

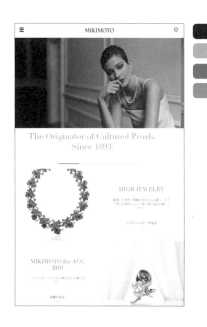

■ R000 G000 B000

■ R149 G168 B169

■ R093 G097 B090

■ R161 G125 B058

05　展现衬线体和宋体的高雅气质

字体在页面表现中起着重要的作用。"ENUOVE Trinity" 主页里的文字，通过英文的衬线体和中文的细宋体，让画面显得高端优雅。白色的背景与灰色和金色的文字搭配在一起恰到好处。

─ **POINT** ─

关于网页字体的修改方法请参考P162。

◎4 自然柔和的设计

自然柔和的设计方法

以白色作为基调，点缀作为重点色的灰色或茶色，构成稳重的色彩搭配。虽然使用的颜色种类很少，但可以营造出自然柔和的氛围。如果是在艳丽色彩的环境中，可以使用象征自然的茶色系颜色作为搭配。

配合上述颜色，文字部分所用的字体可以是黑体类字体和宋体类字体的组合。选用较细的字体，加大文章的行距，可以获得舒畅的视觉效果。

背景可铺设亚麻布风格的底纹，并使用手写字体和手绘插图增加典雅的气氛。

❶ 配色

	R255 G255 B255		R221 G202 B175		R240 G236 B232
	R207 G206 B210		R160 G160 B160		R111 G097 B082

❷ 字体

圆宋体　　细宋体　　　细黑体

American Typewriter　Courier　*Savoye LET Plain:1.0*　AMATIC SC

❸ 素材

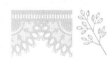

◎1 朴素的颜色搭配

在"纸张的千层酥"网站中，页面四周都留出了空白部分，使用统一风格的文字和少量颜色进行搭配。

❶ 茶色的底色上方布置的是商品照片，与背景的白色十分自然地搭配到了一起。

❷ 文字信息并没有使用鲜明的颜色，不论是字体的选用，还是字号的大小，都以朴素常见的为主。

❸ 商品照片上竖排的文字设置为宋体类字体，不仅能够留出适当的空间，同时还能让画面不显得过于空旷。

在页面中留有大量空白的基础上，还设置了大小不一的图片链接。上下拖动屏幕时，新显示出来的内容会以一种柔和的渐变方式展现出来。

商品说明的文字采用黑体，这种字体相比"宋体"来说，给人的视觉感受更为柔和。

当鼠标光标移动到页面中任意图像上时，图像四周就会出现一圈由外向内显现出来的浅色图框。

英文版页面与日文版页面风格一致，部分文字采用竖排方式排列，配色也是以朴素的风格为主。

⓪2 在背景中铺设亚麻布纹的底图

当网页的背景中被布置上了亚麻布纹的底图时，就会给人以朴素的印象。"自然厨房&"的主页里，不仅采用了亚麻布纹的底图，还用水彩风格的手绘植物、鸟类的插图做成画框，在画框中通过幻灯片的方式展示产品照片。背景的底图除了使用亚麻布纹外还使用了方眼纸的素材。标题文字采用的是手写风格的衬线字体。

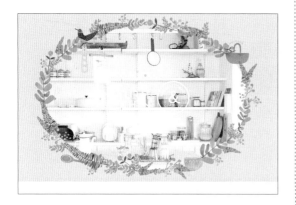

R223 G216 B194	R150 G173 B126	R090 G128 B007
R166 G133 B052	R189 G135 B031	R117 G118 B119

⓪3 手绘插画的搭配组合

"kuraline"的主页里使用了大量单色的手绘插图和图标。

页面的基色为白色，与驼色的亚麻布纹底图搭配在一起，使这种电商网站表现出的是爽朗明快的视觉效果。

作为点缀的重点色使用了彩色粉笔风格的颜色。

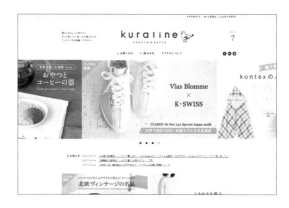

R255 G255 B255	R241 G239 B234	R194 G174 B116
R143 G161 B214	R129 G174 B146	R246 G211 B173

⓪4 留出足够的行距、字距、空白

"甜点百花园HIYORIKA"的主页上将文字的行距、字距设置得较为宽裕，配合柔和的色调表现出甜点软糯香甜的气氛。

网站标题布置在页面中央，两侧的留白使文字部分更加突出。商品照片去掉原有背景后，布置在彩色粉笔风格的底色上。甜点的照片也去掉背景，依次放在圆形图框中展示给用户。

	R237 G169 B169
	R207 G206 B210
	R240 G236 B232
	R184 G163 B139

⓪5 将照片处理成柔和的色调

"森山智彦照片工作室"是一家对使用胶片拍摄的各类照片进行色彩加工处理的网站。

网站通过Instagram或Toy Camera，为照片添加上偏光镜效果，并使其拥有接近自然的气氛。

── POINT ──

对于不擅长照片处理的人，可以使用免费素材网站如Photoshop上发布的已录制好的各类动作功能。

05 炫酷先进的设计

炫酷先进的设计方法

此类网站通过白色、灰色等搭配渐变的色彩效果，构成了一种先进的具有科技感的氛围。

通常这类网站页面内文字所用的字体为细圆黑体。

在背景部分常布置有多边形的几何图形及渐变的底色，在首页上布置的主视图则处理成鲜艳的双色色调，打造出贴近未来的视觉效果。

❶ 配色

R243 ▶	R183	R104 ▶	R022	R196 ▶	R075
G154	G048	G198	G064	G221	G178
B067	◀ B140	B223	◀ B152	B143	◀ B066

❷ 字体

细圆黑体
Roboto Thin

中黑体
Colaborate Thin

圆黑体
Avenir Next

❸ 素材

01 在背景中布置渐变底色和几何图形

智能手机APP "mint" 的网站主页采用了绿色的渐变底色和由几何图形构成的科幻风格WordPress主题。

❶ 首页中，页眉部分采用与主视图相同的背景色，并且留有大量空白部分。背景的大面积渐变色彩能够表现出一种充满未来科技感的印象。另外斜切的色块边缘不仅将页面分割成两部分，还能展现出速度感。

❷ 页面内所用的图标素材采用单色的扁平化设计，效果十分简洁。

❸ 绿色的背景色之间插入了白色和灰色两种无彩色，整幅页面只由这少数几种颜色构成。

背景色中的底纹由形状各异的三角形构成，展现出贴近未来的科技感。

APP界面以白色和绿色的搭配作为基础色调。

页眉位置只布置了商标、社交网站链接、版权声明信息，也是强调未来科技感的一种设计方式。

⑫ 炫酷先进的设计方法

　　提供音乐流服务的网站"Spotify"的主页上，采用了由两种颜色构成的双色调主视图。

　　主页背景色彩和照片会随着时间变化而变化，通过渐变的方式完成不同照片之间的切换。

R200 G066 B137　　R228 G138 B123　　R237 G188 B108

⑬ 表现无机材质的素材感

　　这是电动摩托车"Gogoro"的网站。

　　明亮的蓝色和绿色构成的渐变插图给人以电力的风格，与白色的背景搭配后，展现出的是高科技的机械感。

　　主页所用的背景图像也是经过修饰的。白色和灰色构成的简易地图式图案使画面更具设计感。

R247 G247 B247　　R135 G191 B126　　R055 G175 B153

R072 G171 B212　　R201 G214 B075　　R051 G123 B183

⑭ 用细圆黑字体表现清爽感

　　韩国的艺术指导网站"Graphic Surgeon"的主页通过云纹和渐变色彩搭配出充满奇妙氛围的效果。

　　页面内的文字采用了细圆黑字体，给人以清爽的印象。

R090 G125 B162

R127 G161 B156

R160 G095 B133

R172 G069 B103

⑮ 用半透明的渐变配合素材表现透明效果

　　在线学习编程网站"Progate"的主页上，将冷色调的主视图与渐变色彩叠加，白色的文字和输入框布置在渐变色彩上，让画面表现出透明的效果。

> ### POINT
>
> 　　如果想要获得美丽的渐变色彩，可以使用Photoshop中的渐变滤镜进行处理。

06 信任可靠的设计

信任可靠的设计方法

类似大型企业、医疗、行政等机构的网站，需要在设计上带给用户以信任可靠的感觉。由于面向的用户涵盖了各方面群体，就要求设计风格不能带有娱乐色彩，必须将直观易懂作为设计重点。

通常，蓝色象征信任、冷静的印象，而绿色代表了放心和可靠。规则的方格式构图展现出的是稳重的感觉。同时带有情景表现的人物照片则拉近了网站与用户之间的距离。另外，宋体类字体会给人僵硬感，使用黑体类字体会显得更具亲和力。

❶ 配色

■ R008 G047 B080 　■ R020 G078 B148 　■ R041 G153 B196
■ R165 G197 B214 　■ R102 G102 B102 　■ R204 G204 B204

❷ 字体

细宋体　　　宋体　　　中宋体
COPPERPLATE　Times New Roman　Adobe Caslon Pro

❸ 素材

直观易懂的图案或人物照片

01 让用户更容易获取所需信息的网站结构

注重网站的功能性，让任何用户都能快速上手的网站可以获得用户的信任。

■在 "UNIONNET股份公司" 的主页中，全局导航栏的右侧展示了咨询电话。并且这个全局导航栏在屏幕下拉的时候也不会消失，让用户随时可以查看。

■网站的首页视图上用简短的文字展示了企业的理念，半透明的照片将企业的形象直接展示给用户。

■将主页下拉以后，相应的服务内容链接通过与插图搭配，形成三组简明的项目。

使用的黑体字表现出了亲民的感觉。

在公司团队的介绍中使用了员工工作的照片。

页面下部的专栏中登载了面向中小企业网站负责人的指南，并概括了用户所需的信息。

展示了用户经常会遇到的问题，让初次到访的用户得到一个比较全面的解答。

02 将商标颜色作为重点色使用，用较少的颜色表现整体感

　　将页面内出现的颜色种类限定在一个相似的范围内，会增加画面的整体感，能够给人以爽朗的印象。

　　在"SUMUS股份公司"的主页中，由黄色和黄绿色构成的商标，起到了重点色的作用，页面整体采用了同色系、色调的配色方案。这种朴素柔和的配色所产生的智慧、稳重的印象可以带给用户安定感。

 R084 G146 B053　 R155 G174 B035　□ R255 G255 B255

03 摒弃常见的素材，转用原创的照片

　　近年来，提供免费的专业照片素材的网站不断增多，导致很多网站都是从这些素材库中选取现成的图片用到自己的页面中。

　　相比素材网站里的照片，原创照片能够把网站的理念清晰明确地展现给用户，比如在"AIM股份公司应届毕业生招聘"的页面中，将一幅偏蓝色调的、表情冷静的员工照片作为了主视图。

■ R008 G047 B086　■ R041 G153 B196　□ R165 G197 B214

04 用引人注目的设计元素展示成绩和实例

　　在网站中展示成功的案例或实例，也能够获得用户的信任。在"REDFOX股份公司"的网站里，以勋章的形式展示了自家产品的成功案例，并通过动画展示，让这一设计元素更加引人注目。

　　通过红色的主题色，将"工作并快乐"这一企业理念与主页视图联系起来。

■ R199 G027 B033
□ R255 G255 B255
■ R238 G238 B237

05 方格化版式布局展现出的稳重感

　　将网站中的元素按照方格的形式进行布置，通过不同尺寸的分隔，表现出整齐有序的印象。

　　在"UNIMEDIA股份公司"的主页中，画面被分成3个方格视图，向下卷屏后看到的内容也是依照方格形式布局，布局美丽而整齐。

■ R042 G173 B142　　■ R238 G237 B241　　□ R255 G255 B255

PART 1
07 复古怀旧的设计

复古怀旧风格的设计方法

在复古怀旧风格的页面设计中，黑色、茶色、红色、橙色、金色是经常被用到的颜色。

英文字体的样式在这种风格的设计中有着至关重要的作用。标题文字采用签字风格或板书风格的字体来烘托气氛。

页面背景所用的素材可以是老旧的纸张、破旧的墙壁、木质花纹等图案，搭配金色的线条、网点、怀旧的花纹、插图组合出复古的装饰风格。

① 配色

R000 G000 B000	R059 G035 B014	R182 G031 B034
R176 G092 B033	R142 G110 B073	R186 G135 B071

② 字体

SEASIDE RESORT　**HOMINIS**　*Lobster*

Font Leroy Brown　MatrixRegularSmallCaps　Birch Std

③ 素材

01 暖色系颜色的搭配和线条画素材

"L'AMOUR FOU"的主页采用红色和茶色的搭配，这样的配色让画面产生了金色的色调感。

1 主视图背景照片上布置了金色的线框，色调被调整为偏向暖色的风格。位于画面中央的白色商标文字加入了阴影装饰，同时采用复古风格的字体，以提升画面的整体质感。

2 页面内使用了多幅描绘精细的线条画作为装饰。

3 衬线字体的标题与线条画的搭配使页面得到了平衡。

向下卷屏时页面会显示相应的动态特效，以烘托出复古怀旧的氛围。

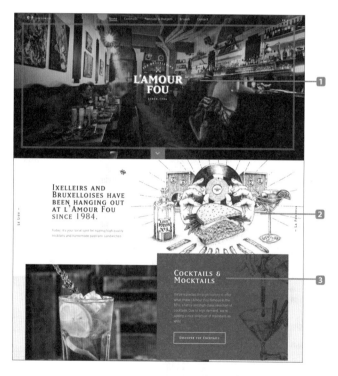

页面内图标都以线条画的形式出现，与复古的氛围保持一致。

背景中的纹理图案也是在突出怀旧的气氛。

页眉的图标设计考究，放射状线条通过动态形式展现出来。

⓪2 **怀旧风格纹理的搭配组合**

在 "Publik Coffee Roasters" 的首页上，主栏位置使用了破损纹理的壁纸图案。产品说明部分的背景则采用了纸张纹理的素材图案。

页眉位置使用了黑褐色的木纹图案作为装饰，上部则用金色短斜线构成的花边提升质感。

R000 G000 B000　　R138 G114 B068　　R135 G122 B094

R232 G226 B220　　R187 G182 B176　　R152 G057 B064

⓪3 **使用徽章或丝带的图案**

如果想在页面上突出 "NEW" "20%OFF" 这样的宣传要素，则可以使用怀旧风格的徽章、丝带或印章图案来烘托这种氛围。

在 "Sign Painters" 的主页里，形状各异的徽章被精心布置在各个不同分类项目中，并通过驼色和红色的搭配来表现复古怀旧的风格。

R247 G236 B220　　R040 G025 B015　　R197 G063 B043

⓪4 **让CSS所用的字体具有复古风格**

在 "NATURALLY PAINT" 的主页里，将金色的英文标题设定为 Fjalla One 字体后，使用CSS的text-shadow属性，就能使文字效果带有复古风格。

这个方法可以在文本内容发生变化时，保留其原有的样式，让字体带有的风格保持下来。

R000 G000 B000

R106 G106 B106

R108 G100 B073

R158 G142 B093

专栏

复古风格的字体在CSS中的表现方法

完成例　*Old American Style*

1．从字体列表中选择复古风格的英文字体。

※在本示例中使用的是 Google Fonts 里的 " Lobster " 字体。

2．读取 head 里的字体样式表。

3．符合样式的要素在 CSS 中会用下列方式描述。font-family 和 text-shadow 的描述是重点所在，可让 text-shadow 的颜色与文字颜色保持一致。

```
h2{
    font-family: 'Lobster', cursive;
    text-shadow: 4px 4px 0px #eee, 5px
5px 0px #888;
    font-size:70px;
    color:#333;
}
```

PART 1
08 古典高雅的设计

古典高雅的设计方法

将古典绘画、家具、古典音乐等充满历史风韵的高雅元素融合在一起，能够营造出怀旧典雅的氛围。

这类网站的基调色大都采用茶色和黑色的搭配，适当点缀金色以提升格调。

字体使用宋体类的衬线字体。页面的背景、图框等部分则以大马士革花纹或茶色的仿古纸纹进行装饰。

❶ 配色

■ R087 G051 B023　　■ R197 G149 B053　　■ R122 G044 B029
■ R174 G155 B079　　■ R162 G082 B045　　■ R000 G000 B000

❷ 字体

宋体　　细宋体　　**粗宋体**
TRAJAN　Optima　**Palatino**

❸ 素材

01 金色与茶色的搭配

金色是一种充满富丽堂皇感的色彩。当金色与茶色的背景搭配在一起时，就能展现出古典欧式别墅的氛围。

❶ 在"The Museum MATSUSHIMA"的主页里，网站的标志、文字标题都采用了金色的配色。

网站标志由精细的线条与中文字体构成，所搭配的金色并非单纯的金色，而是为其设置了一定的渐变效果。

网站的全局导航部分使用宋体的白色文字，与字号较小的金色衬线体英文相互搭配。

❷ 主页中的三幅主视图均为高分辨率照片，结合光标的指示，能以幻灯片的形式全屏观看。

❸ 标题下方带有标签式的装饰，上下留有空白。

滚动播放的大尺寸照片被布置在背景中，表现出美术馆的氛围。

向下卷屏时，动态特效会优雅地展示出刷新出来的内容。

背景照片上布置了半透明白色的内容栏，与不透明的设计相比，这种做法更显精致。

⓪② 用精致的美术字装饰出古典氛围

　　如果想让标志、图标、插图表现出古典的风格，那么精致的美术字是最有效果的。在"theory11"的网页中，使用了各种形态不同的美术字。在主视图内可以看到由白色和金色的美术字构成的插图，看起来就像古典的徽章一样。

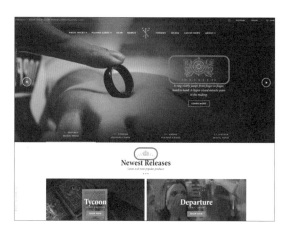

　⬛ R009 G003 B005　　⬜ R191 G148 B083　　⬜ R255 G255 B255

⓪③ 用古纸的纹理进行装饰

　　"Vacheron Constantin"的主页使用了黑色基调搭配少量浅茶色作为点缀的配色方案，在闪亮生辉的古典怀表后面，衬垫的是古纸纹理的背景图案。

　　主视图的照片通过背景的纹理叠加出高雅的古典氛围，让页面的整体质感得到了提升。

　⬛ R059 G059 B059　　⬜ R186 G156 B123　　⬜ R230 G226 B223

⓪④ 使用古典衬线字体

　　酒店"Batty Langley's"的主页中，利用大幅古典绘画作为页面背景，文字部分则使用了奢侈品广告中常用的Palatinonova字体。

　　除此之外，还有"Garamond""Caslon""Century Oldstyle"等古典衬线字体。当页面中的日文部分搭配一部分英文后，古典风韵的感觉就出来了。

⬜ R208 G199 B185

⬛ R055 G032 B016

⬛ R066 G008 B014

⬛ R025 G018 B008

⓪⑤ 使用大马士革花纹

　　地毯或壁纸中经常会出现的大马士革花纹能让人联想到中世纪的风格。因此也会被用在古典高雅的设计风格中。

　　在"云仙观光酒店"的主页里，页面背景就布置了木纹图案和大马士革花纹，表现出厚重的古典氛围。

⬛ R020 G014 B007　　⬛ R057 G023 B029　　⬛ R131 G096 B038

⬜ R211 G194 B157　　⬛ R112 G062 B030　　⬛ R098 G068 B066

PART 1
09 日式和风的设计

日式和风的设计方法

日式特色的颜色搭配, 主要由蓝色、胭脂红等日本传统美术中的颜色构成。

网页中的文字除了使用宋体类或行书体类的字体外, 各种手写风格的字体也经常被用到。版式方面, 竖排的方式也十分常见。

在页面背景的布置上, 除了常见的宣纸纹理外, 代表日本传统美术的菱形、扇形或松、竹、梅、樱的图案, 以及名门望族的徽章等, 都适合表现和风的氛围。

❶ 配色

 R161 G031 B036　 R205 G150 B073　 R109 G116 B059

 R082 G044 B089　R000 G000 B000　 R028 G057 B082

❷ 字体

宋体　東元体　楷体

粗宋体　中宋体

❸ 素材

---

01 竖排版式和宣纸纹理的搭配

金泽市 "咲田金银箔工艺品店" 的主页可以在日语、英语、中文之间切换。

❶ 网站标题的书法汉字布置为竖排, 搭配金泽街道的夜景照片, 网页的背景部分衬垫了宣纸纹理以烘托气氛。

❷ 背景中还叠加了剪纸画样式的日本古典房屋的图案, 使其看起来具有阴影一样的效果。

❸ 问候语和标题文字为宋体, 采用竖排版式。问候语旁边是团扇形状的图框, 中间是经过裁剪的照片。圆润的图框体现出柔和的氛围。

主色调采用黑色与茶色系的搭配, 给人以稳重的感觉。

竖排的毛笔字体标题和圆形图框构成了均衡的布局。

当显示语言切换成英语后, 标题变为衬线字体, 文章部分则变成了非衬线字体, 让英文也能保持日式的和风效果。

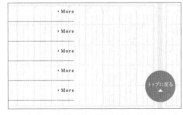

显示在右下方的 "返回首页" 按钮使用了红色宣纸纹理素材作为背景。

⓪2 使用樱花、明月等日式风格的插图

"飞騨牛肉烧烤涮肉店朦月"的主页使用茶色和黑色的宣纸纹理作为背景。

背景纹理上装饰有浅墨色的樱花、明月、芒草等和风插图。

通过巧妙的布置，将页面内的横排和竖排文字组合在一起。

■ R236 G229 B218	■ R081 G029 B016	■ R094 G086 B043
■ R174 G060 B050	■ R236 G188 B091	■ R151 G127 B076

⓪3 采用日本传统的配色风格

在"秋田舞伎"的主页里，只要向下卷屏，就能看到手持折扇的舞伎和飘舞的花瓣。

文字部分的标题搭配了充满日式风格的扇、梅、松、竹的图案，并使用红色宣纸纹理作为背景。

■ R159 G038 B036	■ R238 G230 B222	■ R226 G166 B185
■ R052 G054 B068	■ R090 G073 B076	■ R050 G040 B100

⓪4 用毛笔书法体或宋体来表现文字

这是创业近550年的老字号"御用荞麦司尾张总店"的主页。商标文字选用了粗行书体来表现，页面内的文字则使用细宋体。

灰色和蓝色的清爽配色，突出了商品照片。

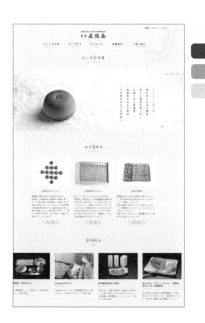

■ R233 G233 B233

■ R088 G032 B018

■ R183 G133 B092

■ R208 G200 B194

⓪5 将照片裁剪成扇形或菱形

日料餐厅"紫芳庵"的主页采用黑色和深紫色构成的主题色，同时搭配了白色纸张纹理的背景图案。

向下卷屏后，竖排的文字就会浮现出来，营造出优雅的氛围。

在食器说明中，裁剪成菱形的照片展示了日本传统造型，给人以浓厚的和风印象。

■ R010 G004 B006	■ R045 G021 B050	■ R123 G092 B050

10 透明感的设计

透明感的设计方法

以白色和灰色作为基调，并使用高亮度的彩色粉笔色作为重点色，营造出通透明快的氛围。

在不同品牌或型号的显示器里，浅色的显示效果多少会有误差。需要在多个显示器上进行试验，然后确认使用何种颜色。

网页中的文字采用黑体类字体和宋体类字体的搭配。背景或素材图案中利用水彩色效果来增加画面的透明感。

❶ 配色

R255 G255 B255	R204 G204 B204	R250 G248 B203
R248 G200 B201	R203 G228 B193	R205 G233 B238

❷ 字体

中黑体 细黑体 宋体
Helvetica Neue Gotham Light COM4t Nuvu

❸ 素材

01 透明感的设计方法

在 "Koa Organic Beverages" 的主页上，黄绿色的水彩色被作为页面的基调色，页面内的文字部分配用的是圆体和手写体。

1 页面上部的全局导航栏为白色半透明设计，向下卷屏时该导航栏会一直保持在屏幕上部，透过其半透明的背景就能看到后面的主体内容。

2 主视图的产品照片后面用水彩风格的黄绿色作为背景色，再配合水果的插画，突出了饮料可口的效果。

3 刷新图标、按钮图标、地图等说明用插图也使用手绘水彩风格制作，展现出清凉柔和的氛围。

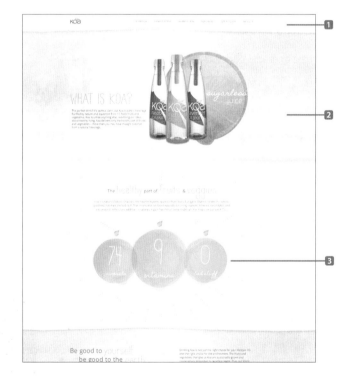

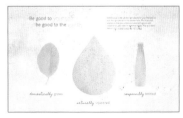

水彩画风格的插图和灰色的英文手写体及细黑体字体，搭配出柔和的效果。

背景的区域划分并非直线分割，采用在交界处加入阴影的方式来区分。

疑问解答部分的按钮也采用透明水彩风格的设计。

02 半透明白色背景的叠加

这是Stephanie Ryan的网站"ART+ALCHRMY"，在页面的左上方装饰了水彩色块，页面顶部中间布置着手绘风格图标。

页面整体以白色作为基调，搭配蓝紫色系的颜色作为装饰。在各种蓝色系产品照片的主视图上，叠加了半透明的白色色块，色块中布置的是链接按钮和说明文字。

- R255 G255 B255
- R231 G227 B229
- R156 G171 B207
- R201 G228 B228
- R074 G090 B149
- R205 G182 B206

03 在页面四周留出白色边框

无酒精调味酒"SEEDLIP"的网页四周留出了白色边框，以呼应产品特色。

网页采用灰色的底色和四周白色边框的版式设计，强调出产品照片上饮料的透明感和包装上标签的设计感。页面内文字采用深绿色的配色，展现出柔和自然的印象。

- R255 G255 B255
- R234 G233 B230
- R195 G200 B204
- R240 G235 B219
- R250 G236 B221
- R205 G215 B188

04 使用高亮度的彩色粉笔色

在表现透明效果上，高亮度的彩色粉笔色有着显著的作用。

"Molekure"的主页背景采用灰色和白色为主的无彩色搭配，同时用浅蓝色的彩色粉笔色作为过渡。与简约的铁艺产品构成了明快通透的画面效果。

- R255 G255 B255
- R230 G230 B230
- R232 G240 B238
- R133 G195 B157

05 图框的错位布置，留出空白空间

在"Tokyo Cat Specialists"的网站中，用于布置照片和说明文字的图框被上下错位布置，并留出大量空白空间。

猫咪的照片去除背景后，更显页面空间。

淡灰色的背景与深灰色和白色的图框构成了相互呼应的设计风格。

11 面向儿童用户的设计

配色

多种高亮度的颜色搭配在一起，能够展现出健康明朗的效果。使用彩色粉笔色就能够设计出面向儿童用户的网页风格。

字体选用笔画粗且柔和的类型。例如，圆黑类字体或手写风格的字体。

素材方面，在页面中布置上可爱的卡通人物、插画、图标等，当鼠标光标放在这些图案上时，若能出现翻转跳跃等动态特效，就进一步增加了页面的趣味性。

❶ 配色

R208 G064 B055	R227 G165 B074	R114 G180 B076
R043 G152 B203	R164 G070 B134	R233 G211 B048

❷ 字体

粗圆体　儿童圆黑体　**综艺体**

VAG Rounded　**NeponAL**　*Chalkduster*

❸ 素材

01 使用大量插画

"静冈市立日本平动物园" 的主页上采用了象征草原的黄绿色，以及代表天空的浅蓝色作为首页上下两部分的背景色。

❶ 主视图由大量手绘风格的卡通动物形象构成，位于中间的北极熊双手托举着上方的幻灯片窗口，其他动物则围绕在幻灯片窗口四周。

❷ 全局导航栏上的文字以粗体类的艺术字体为主。每一行文字前都带有一个表现相应内容的图标。

❸ 网页内的各个标题前都布置了不同的动物头像，这样用户在阅读时不会产生枯燥感。

页脚部分布置有水珠形和三角形的彩色树木图案，让页面气氛显得热闹活跃。

在日历的左上角位置设计了一个正在吃掉纸张的卡通山羊的形象，展现出动物的活泼可爱。

白色图框的四边并非直线，而是带有一定起伏的手绘线条样式，增强了柔和的效果。

⓪2 增大文字的字号

　　"儿童袜子FUMFUM系列"的主页上有五彩缤纷的图标和时髦可爱的卡通角色，充满了童趣。

　　页面内的文字都采用较大的字号，便于用户阅览。主标题字母采用不同的配色，以便与背景部分的色彩区别开。

┌─ **POINT** ──────────────┐

　　网页经常设置的字号是16px。较大的字号通常是指15px~16px，而较小的字号是指13px~14px。

└──────────────────────────┘

⓪3 以动态效果表现童趣

　　这是一种让网页画面中的栏目保持动态的设计。

　　在"努嘴会议@KURURU社"的主页中，网页两侧图框的链接会上下运动。而猫头鹰、白萝卜等卡通形象会时不时从画框后面跳出来，以引起用户点击链接的兴趣。

■ R136 G088 B049　　■ R027 G102 B053　　■ R189 G030 B039

■ R216 G182 B041　　■ R107 G150 B050　　■ R191 G090 B093

⓪4 使用大尺寸按钮

　　在"东武铁路儿童网站TOBU BomBo Kids"的网页中，链接按钮都设计成了简单明了、带有图标的大尺寸样式。而且由于是面向儿童用户的网站，所以网页中出现的文字都标注上了读音，便于儿童阅读理解。

■ R029 G156 B186

■ R018 G093 B159

■ R195 G080 B042

■ R222 G175 B046

⓪5 使用荷叶边装饰元素

　　由半圆形波浪线构成的图案边缘也被称为荷叶边。当设计元素中出现了荷叶边的时候，就能给人以可爱的感受。

　　在"HOT BISCUITS"的主页里，页面中央就用饼干造型的荷叶边图案作为标题文字的底图。

■ R231 G134 B078　　■ R224 G218 B092　　■ R221 G026 B038

■ R210 G096 B121　　■ R040 G166 B177　　■ R119 G193 B205

12 女人味的设计

女人味的设计方法

网页配色中，高亮度的粉色、茶色、淡紫色等色彩都是适合表现女人味的颜色。如果降低颜色的饱和度，则会产生稳重的效果，这样的色彩会受到年长女性的欢迎。

网页中的文字多采用不同粗细、带有曲线的字体，或手写风格的字体。

同时用一些女性喜爱的小装饰物、图案等作为装饰，以烘托页面气氛。例如，宝石、花朵、蝴蝶结、蕾丝、心形、星形及闪亮的图案等，经常用在面向女性用户的网页设计中。

❶ 配色

R192 G062 B093　　R166 G119 B106　　R140 G110 B168
R213 G109 B122　　R246 G233 B230　　R184 G131 B161

❷ 字体

粗宋体　　　　　细黑体　　　　　　细宋体
Allura　*Caveat*　Baskerville　*Snell Rounded*　COM4t Fine

❸ 素材

---

① 使用笔画蜿蜒纤细的字体

这是"梅花女子大学 2017 入学考试支援网站"的主页。

❶ 页面内的各类宣传语分别采用了黑色和粉色的配色，并使用了英文手写体和细宋体，以优雅的形式表现出"挑战和高雅"的主题。

❷ 图框的四角并非直角，而是设计成了内凹的圆角造型。

图框上布置了高亮度的照片与文字，框的内侧预留了 1px 的白边，加强了质感的表现。

❸ 在背景部分，使用朦胧柔和的粉色光影图案来展现女性的柔美。

各系名称的链接图标旁都安排了一位微笑的女性作为搭配，使图标更具亲和力。

作为设计要点的手写体文字和细波浪线都是受女性喜爱的元素，给人以可爱、精致的感觉。

页面背景使用了水彩画风格的花朵图案和浅紫色的装饰线，让画面带有精致的设计感。

02 粉色和驼色的融合

"NAME OF LOVE" 的主页采用浅驼色的背景搭配粉色元素，展现出女性的风格。

页面中展示的照片配用了驼色背景色，与整体色调保持了一致。

文字的配色由灰色和白色构成，保持了柔和的氛围。

R245 G239 B234　　R226 G190 B186　　R197 G125 B134

R156 G156 B161　　R208 G209 B213　　R255 G255 B255

03 用柔和的造型来表现

"PRIVATE PHOTO STUDIO HOME" 网页采用白色作为背景色，搭配半透明的插画及造型圆润的绸带图框。

照片的造型和宣传语的布局都加入圆形元素。配色采用受女性欢迎的蜡笔风格的色彩。社交媒体的链接图标则被布置在彩旗的图案中。

R228 G241 B220　　R126 G204 B229　　R255 G255 B255

R192 G218 B149　　R198 G229 B222　　R239 G220 B174

04 加入手写元素

这是 "拍摄乌冬县、艺术县 - 东京摄影女孩组" 的主页。

主题色采用浓烈的粉红色，并搭配笔画纤细的手写风格字体。文字标题搭配了色彩、材质轻柔的插画素材。

R220 G095 B119

R223 G240 B247

R235 G214 B130

R215 G201 B222

05 色调明快的配色和照片

"ENUOVE" 的网站使用了浅色调与金色的搭配来展现高雅的氛围。

高亮度色彩搭配高亮度的照片，与衬线字体文字结合构成了具有透明感的设计效果。

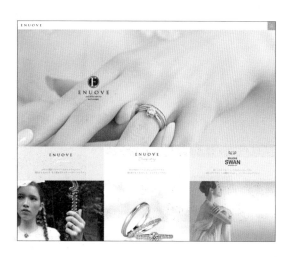

R217 G236 B216　　R236 G246 B252　　R235 G235 B235

R255 G255 B255　　R210 G195 B178　　R207 G169 B087

13 男人味的设计

男人味的设计方法

通常认为，冷色系的蓝色或黑色更容易受到男性的青睐。

例如，蓝黑搭配、红黑搭配等色彩对比鲜明的配色展现出的是强壮的男性印象。而白蓝搭配、浅茶色和蓝色等柔和的色彩搭配则给人一种沉稳的男性印象。

文字部分使用粗黑字体来塑造雄浑硬朗的风格。

在装饰素材上，摇滚风格的图片，裂痕、闪电、火焰、光斑等图案素材，以及硬朗的图标都是经常被用到的。

❶ 配色

R000 G000 B000　　R038 G058 B092　　R255 G255 B255

R035 G104 B175　　R223 G196 B166　　R195 G029 B031

❷ 字体

粗黑体　　中黑体　　综艺体

Helvetica　　**Gill Sans**　　BANK GOTHIC

❸ 素材

◎1 摇滚风格图片的搭配组合

这是以红黑球衣为代表的"名古屋海洋职业足球队"的官方网站。

❶ 页眉部分使用的色调较暗的摇滚风格图片。页眉中间的队徽周围亮度较高，衬托出质感和立体效果。

❷ 主视图中，一群正在踢球的选手的照片被拼合成一个充满动感的整体。照片色彩饱和度被降低，但对比度却被加强，让图像产生威武帅气的气氛。

❸ 页面内的数字使用了干净利落、纵向较长的黑体字体，英文全部采用大写。不同位置的文字的大小有着鲜明的区别，便于用户识别。

链接图框设计成了平行四边形，作为焦点的队员被布置在图框中间，其他队员则处理成了黑白色。

用户可以像使用游戏的角色选择菜单一样来挑选想要查看的队员信息。去掉背景的队员照片被加上阴影效果，以增加立体感。

倾斜分割的背景色块分布在各个主视图中，让画面增加了层次感。

02 让象征男性的蓝色充分发挥效果

在日本有一种说法，认为蓝色象征着男子汉，这一点从儿童的服装上就能反映出来。

在"定制衬衫KEI"的主页中，白色的背景搭配藏青色和土黄色的配色，展现出成年男性儒雅、稳重的气息。

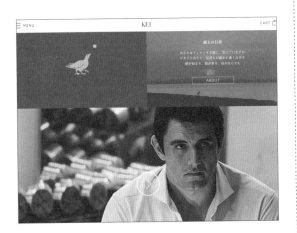

R255 G255 B255　　R011 G050 B089　　R208 G167 B057

03 光斑式渐变色与图片的搭配

在体育题材的主页中，光斑式渐变色彩的背景与图片的搭配，能够展现出充满力量的效果。

在"Adidas soccer"的主页里，荧光效果的红色、黄绿色、浅蓝色被用作主体色彩，背景部分的红色光斑式渐变色，将前景的人物衬托成如同英雄题材电影海报中的男主角那样，充满男子气概。

R176 G045 B035　　R158 G171 B032　　R032 G112 B145

04 着重功能性，一目了然的设计

一般来说，男性访问网站时总是带有明确的目的性，为了解决特定问题才会浏览相应的网页。为此，简洁明了的信息布置就成了这类网页设计的重点。

在"GIFT"的主页中，大幅照片与简洁的文字说明构成了页面的主体。预约按钮则布置在页面右上角位置上。

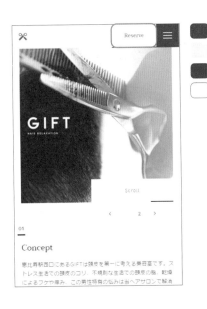

R000 G037 B059

R229 G233 B235

R032 G033 B033

R255 G255 B255

05 粗线条与粗黑体

粗实的直线给人以强有力的印象，进而会联想到男性风格。在"cloudpack"的主页里布置了高对比度、低饱和度的照片作为主视图。链接按钮及各类装饰元素中大量使用粗实的直线元素。

在成员介绍部分，斜体的黑体文字与粗线条框的组合，构成了简洁鲜明的页面效果。

R039 G042 B042　　R207 G207 B207　　R158 G142 B130

14 高级感的设计

高级感的设计方法

　　虽然金色和黑色的搭配永远是表现高级感最适合的配色，但如果不使用这种华丽的配色，而改用茶色、藏青色、灰色等沉稳的颜色，也能够彰显出高级感。

　　在字体的选用上，汉字以宋体类字体为主，字母、数字则多使用衬线字体来表现。适当使用英文手写体风格的字体能够增加页面的华丽效果。文字部分的字距和行距要设定得宽松一些，留出足够的空白对于效果的表现是十分重要的。

　　使用简约的线条对照片进行装饰，可以给人以精练的印象。

❶ 配色

R176 G151 B097	R000 G000 B000	R052 G030 B014
R018 G039 B074	R120 G120 B120	R102 G080 B053

❷ 字体

宋体　　　　中宋体　　　　细宋体

Baskerville　**Futura**　Bodoni 72　Adobe Caslon Pro

❸ 素材

BUTTON

英文手写风格字体的标题

Headline

Contents
List item　>
List item　>
List item　>

01 简约的线条和半透明的文字

　　"Frederique Constant" 的主页以白色作为基调色，主色调则设定为黑色，构成了简约精练的色彩搭配。

❶ 首页视图采用两端虚化处理的手表照片，与线条画和衬线字体的文字组合在一起，彰显出高端的氛围。

❷ 照片下层衬垫的半透明插画表现出品质感和产品定位。

❸ 细线条和半透明文字作为页面的装饰。页面上部和下部都留有充足的空白。

　　当鼠标光标放在表盘上时，标题和文字就会向外侧显现，并在标题后面显示出浅色的数字编号。

链接和按钮上没有华而不实的装饰，只布置了简洁的线条作为点缀。

通过白色和灰色的背景色来划分背景区域，同时给人以高品质的感受。

标题部分使用衬线字体，说明文字则使用了非衬线字体，让两者有着明显的区分。

02 大量空白的版式布局所产生的充裕感

　　"东野妇产科医院"的首页中布置了大幅的院内设施效果图。

　　在效果图上，白色的文字采用横排或竖排的版式，并选用宋体作为显示字体。整体版面中留有大量空白，体现出安逸舒适的空间感。

■ R119 G107 B099	■ R078 G062 B052	■ R056 G028 B024
■ R098 G095 B094	□ R255 G255 B255	■ R010 G024 B052

03 蓝色与金色搭配出的高品质感

　　"Royal Copenhagen"的主页是在底色为浅灰色的底纹上覆盖白色，并以商标的蓝色作为主色调。

　　商标左侧的皇冠图标是整个页面的重点，在营造高品质氛围上起到了点睛作用。

■ R018 G039 B074	■ R120 G120 B120	■ R027 G027 B027
■ R173 G146 B088	□ R255 G255 B255	■ R240 G239 B235

04 以无彩色的统一色调突出照片

　　黑、白这样的无彩色能够突出照片的画面效果。

　　在"京都KARAN酒店"的主页中，背景色由白色和灰色构成，页眉部分采用的是黑色。

　　页面内布置了高分辨率的大幅照片，将酒店的魅力展现给用户。

■ R228 G226 B223
■ R158 G116 B064
■ R000 G000 B000

05 使用风格雅致、笔画较细的非衬线字体

　　"Somlo Antiques & OMEGA Vintage"的主页采用黑色和茶色为主色调，主要文字使用的是笔画纤细的非衬线字体"Futura"。

　　通常英文的衬线字体或汉字的宋体被更多地用于表现高级感上，但非衬线字体的"Futura"也具有高雅的气质，与手写类字体搭配，能让画面保持一种高品质的氛围。

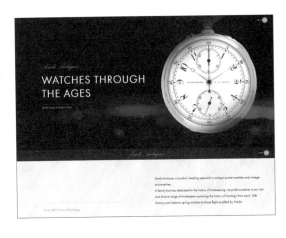

■ R008 G003 B004	■ R079 G055 B024	■ R170 G145 B086

15 让食物看起来更美味的设计

让食物看起来更美味的设计方法

在美食类网站的设计上，食物的配色多采用能够引起人们食欲的红色、橙色、黄色等暖系颜色。

页面上的照片、图片也要调整成高亮度、高饱和度的暖色调，并且布置在醒目的位置上。

在实际加工食物的照片时，面条类食物应该表现热气腾腾的状态，而像沙拉、水果这样追求新鲜程度的食物则要通过强化水灵鲜嫩的外观来增加用户的购买欲。

❶ 配色

R225 G180 B062　　R231 G135 B040　　R186 G027 B045

R177 G191 B038　　R050 G100 B050　　R149 G100 B050

❷ 素材

❸ 照片加工的要点

① 提高亮度　　　② 提高饱和度
③ 采用暖色搭配　④ 提高对比度

01 使用高亮度、饱和度的图像

提高食物照片的亮度和饱和度，可以让食物看起来更加美味。

❶ "BEER BAR NAGOKAYA" 首页视图中展示了新鲜的蔬菜和暖色系的各色料理。

❷ 让食物照片铺满页面两端，可以让食物看起来更加丰富、饱满，从而给人以更加美味的感受。

❸ 页面中可以布置去掉背景的食物照片作为装饰。利用背景部分的空白来突出食物本身的特色。

拍摄食物的照片时，将焦点定于近景端，远景端图像自然虚化（光圈优先），或将焦点定位在想要特别展示的食物上。

将手绘插图与无背景图像搭配使用，能够表现出流行轻松的气氛。

"通知中心"的下部展示了热闹的店内景象，让用户能够直接观看到店内气氛。

⓸ 表现购买欲

对于展示食物的网页设计，需要着重突出食材的鲜嫩优良品质，最重要的是通过画面激起客户的食欲和购买欲望。

在 "Lamberts Restaurant" 的主页中，通过黑色和白色的背景衬托出照片中的美食，肉汁闪亮的烧肉和饱满鲜嫩的蔬菜能引起食客的品尝欲望。

■ R045 G012 B013	■ R118 G066 B061	■ R182 G029 B034
■ R047 G084 B048	■ R118 G153 B061	■ R210 G222 B100

⓷ 暖色系的配色

红色、橙色、黄色等暖色系颜色能够刺激人们的食欲，所以餐饮类的广告中经常会用到这种颜色搭配。

"Chickenbot" 的网页中使用橙红色作为主题颜色，基调色则采用浅驼色，并与页面中展示的照片搭配在一起。

提高实物照片的色彩饱和度，比起用暖色系颜色更容易引起人们的食欲。

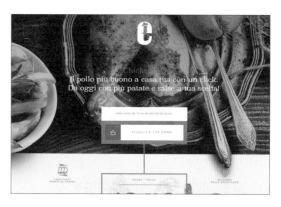

■ R214 G061 B023	■ R171 G052 B036	R220 G175 B089
□ R255 G255 B255	■ R000 G000 B000	R236 G234 B228

⓸ 将去掉背景的美食照片分散在页面里

"MOSSA CATERING & DELI" 的主页由白色背景和绿色的蔬菜图片构成。页面的整体色调十分明亮，搭配高分辨率的无背景美食照片，使页面中充满快乐的用餐气氛。

R177 G191 B038
R061 G111 B053
R159 G037 B036
R217 G177 B037

⓹ 展示食材的内部

在 "CROQUANTCHOU ZAKUZAKU" 主页的照片中，展示了甜点里的蛋奶糊夹心流出的状态。

将食材切开，展示其内部的手法，在宣传蔬菜、三明治等食品时经常用到。

虽然饮食类网站常用暖色系颜色作为主体色彩，但这家网站使用了与奶油色，也就是淡黄色互补的冷色系的蓝色作为主体颜色，利用补色关系来突出食物本身。

16 带有季节感的设计

带有季节感的设计方法

想要在网页设计中营造出季节感,可以通过容易使人联想到相应季节的配色来实现。

例如,春季的代表是樱花,那么使人联想到的颜色就是粉色和鲜嫩的黄绿色。而夏天给人的印象是蓝色的大海和黄色的向日葵。类似这种,将相应季节中自然界的颜色作为网页设计的主色调时,就能产生季节感。

页面中的装饰素材可以是秋季的红叶或应季的花朵,也可以是新年庆典风格的图案等。

❶ 配色

春　R247 G207 B225　　R245 G234 B046　　R206 G222 B147
夏　R244 G232 B039　　R017 G131 B199　　R156 G209 B237
秋　R212 G122 B015　　R126 G151 B044　　R123 G063 B031
冬　R129 G198 B210　　R113 G152 B183　　R146 G139 B187

❷ 素材

01 夏季: 鲜艳明快的色彩和清爽明亮的素材

以天蓝和淡蓝作为主色调,白色刮痕的底纹上放置了一杯柠檬黄色的冷饮和夏季特色的图案,构成了颇具风格的 "TULLY'S LOCO STYLE" 的主页。

❶ 商标部分用木槿花和尤克里里的图案进行装饰,使人联想起夏威夷的自然风光。

❷ 标题与说明文字采用蓝色系配色并加入描边处理的样式,通过半透明的色彩表现出清爽的感觉。

❸ 商品名称下面的背景色使用粗笔刷风格的淡蓝色块。

当用户向下卷屏的时候,清凉爽口的冷饮和丰富多彩的美食照片就会展现出来。

当背景中加入沙滩的照片后,所展示的食物就像是放在了海边的野餐布单上。

页脚部分用椰子树、海鸥、积雨云等代表夏季的图案进行装饰。

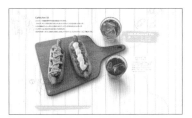
白色木纹底图、冷饮、沙滩鞋等插图展示了夏季特有的风景。

ⓒ2 春季: 使用代表春季的花草图案和柔和的植木色彩

这是韩国设计学校制作的"HITJINRO"品牌的主页。页面中布置的梅花和梅子使人联想到春天的到来,滚动鼠标滑轮,页面会横向卷屏,这时设置虚化效果的蝴蝶、蜜蜂等图案就会随着画面的动态飞入或消失,当页面滚动到下一个部分时,还能看到花瓣落叶等图案飘入画面。

页面采用了柔和的粉色与植木色的配色,如果是塑造日本风格的场景,使用的植物换成樱花也是十分合适的。

ⓒ3 秋季: 使人联想到红叶的黄色或红色等暖色

在"Sommelier@Gift 2016 敬老日特辑"的主页里,当使用鼠标滚轮进行卷屏时,画面左右布置的红叶图案就会随着页面一起移动。

在浅驼色的页面底色上,搭配了能够让人联想到红叶的黄色、橙色等暖色系颜色。

	R244 G238 B223		R214 G094 B067		R180 G031 B036
	R193 G117 B026		R116 G031 B027		R235 G182 B049

ⓒ4 冬季: 冷色与雪的搭配组合

只要打开京都水族馆的"雪花与水母"主页,就能看到雪花飘落的画面。

页面背景采用了近似于黑色的藏青色,营造出寒冬的氛围。主视图中雪花的结晶周围漂浮着各色水母,巧妙地和京都的风景融合在一起,展现出奇妙的景象。

	R147 G181 B211		R105 G121 B156		R033 G051 B081
	R014 G019 B019		R022 G061 B107		R217 G229 B240

ⓒ5 冬季: 象征圣诞节的红色、装饰品

"彼尔德爸爸的点心工坊"的主页由枞树、圣诞装饰、蜡烛等充满季节特色的装饰素材构成。页面用圣诞红作为基调色,搭配圣诞树的图案、飘落的动态雪花构成了圣诞气氛十足的画面效果。

可商用的摄影素材网站

照片是决定网页设计效果的重要组成部分。

最好的选择是使用原创的摄影作品,如果自己准备摄影素材有困难,但又不得不使用照片的时候,就可以使用素材网站提供的各类照片素材了。

下面介绍的都是可商用的摄影素材网站。

※实际使用素材时,请一定要了解相应网站的使用规则。

.foto project:该网站提供了由职业摄影师在世界各地拍摄的各类高分辨率照片,共5,000万张以上。其中一部分会收取费用,最低价格198日元(含税)。

照片AC:不论个人还是企业,无须注册即可使用的素材网站。网站提供了检索窗口,方便用户查找所需素材。其中,一部分大尺寸的素材是收取费用的。

PAKUTASO:个人运营的素材网站,无须注册登录,提供超过1万张免费的素材照片。

Pixabay:该网站拥有超过950,000张免费照片素材,以及矢量图和手绘图素材。

Unsplash:该网站提供丰富的时尚素材。从collections中可以检索所需内容的素材。

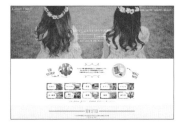

GIRLY DROP:提供女性人物题材的照片,其中也包括美艳的女性照片素材。

food.foto:该网站提供蔬菜、水果之类的食材照片,以及料理、饮料、甜点、食器等食品类的照片素材。

PIXTA:提供高画质的照片素材、插画素材、动态图素材。收费540日元起。

Photosku:免费提供4K分辨率照片的下载。

从配色方面进行
网页设计

网页设计中的配色是从"基调色""主题色""重点色"
这3个要素开始的。

这一部分将对颜色所带有的印象、颜色的搭配方法、颜
色的调配方法及配色理论依次进行讲解。

PART2
01 基于标志、品牌颜色的配色

网页的基本结构

　　"基调色" 是作为背景一样大面积使用的颜色；"主题色" 是决定网页风格的方向性颜色；"重点色"，顾名思义就是作为重点，用在最突出的位置，起到画龙点睛的作用。在网页设计的工作中，基本上都是从 "基调色、主题色、重点色" 开始着手调配颜色的。不同颜色在画面中的所占比例直接影响页面表现出的效果，所以配色时，一般是按照 "70%的基调色:25%的主题色:5%的重点色" 的比例进行搭配组合的。

基调色　　　　　　　主题色　重点色

| 70% | 25% | 5% |

POINT

　　主题色和重点色的种类可以增加，但是所占比例如果超过基础值的话，就有可能对色彩搭配的平衡性产生不利影响。

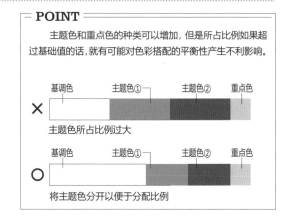

✕ 主题色所占比例过大

○ 将主题色分开以便于分配比例

STEP1：确定主题色

　　首先要决定使用哪种颜色作为商标或商品的代表色，这是由网站的目标客户群体所决定的。尽量选择一种文字和背景都能使用的颜色，由于高亮度颜色的可读性较低，因此使用的时候要特别注意。同时，因为主题色是决定特色印象的重要因素，所以也要留意颜色本身所象征的印象。下面是 "蜻蜓铅笔股份公司" 的商品页面。

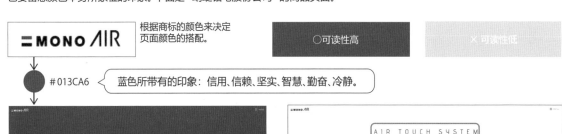

根据商标的颜色来决定页面颜色的搭配。

○可读性高　　　✕可读性低

#013CA6　蓝色所带有的印象：信用、信赖、坚实、智慧、勤奋、冷静。

背景色中使用了商标里出现的蓝色。

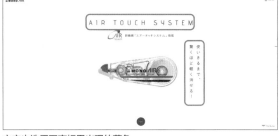

文字也选用了商标里出现的蓝色。

STEP2：确定基调色

　　下面决定基调色。基调色是页面中使用面积最大的颜色。考虑到可读性，在没有掌握无彩色颜色的使用方法前，可以提高主题色的亮度作为基调色。

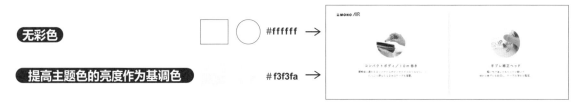

无彩色　　　　　　　#ffffff →

提高主题色的亮度作为基调色　#f3f3fa →

STEP3：确定重点色

对于咨询功能按钮、活动信息通知等需要特别标注在网页上的要素，可以通过重点色进行突出。一般来说，重点色都是与主题色成互补关系或对比关系的颜色。

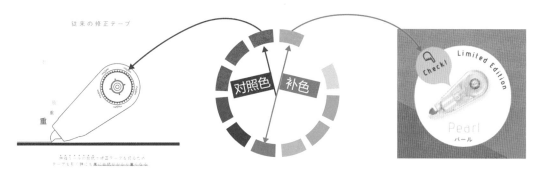

STEP4：想要增加颜色种类时，需要先参考配色理论

如果想要增加颜色种类，应该先参考一下配色理论。

使用根据理论制作的生成器（P86），就可以轻松增加颜色种类了。

这是以蓝色为主题的配色方案。相同色相的颜色布置在一起调节起来也比较简单，便于增加颜色种类。

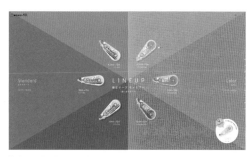

蓝色和粉红色左右等比例分布，产生鲜明的色彩对比。在增加对比色的时候，只要保证色调一致，就不会影响搭配效果。

— POINT —

让按钮颜色与标题颜色互为补色，更容易吸引用户来点击

根据Impact of color on marketing的研究显示，消费者在选择商品的时候90%的情况下都是受到了颜色的影响。

另外还有研究显示，网页上的"购买"按钮或"咨询"按钮如果配用的是活泼的补色，也更容易引发用户点击的欲望。

● 色彩的研究结果

我对色彩的研究抱有浓厚的兴趣。通常人们会根据所看到的不同颜色而产生相应的感情，同时也会在生理方面产生相应的影响。

阅读全文 ＞

标题与按钮的颜色互为补色关系

● 色彩的研究结果

我对色彩的研究抱有浓厚的兴趣。通常人们会根据所看到的不同颜色而产生相应的感情，同时也会在生理方面产生相应的影响。

阅读全文 ＞

标题与按钮的颜色没有补色关系

蓝色的补色是橙色

02 以黄色为基调的配色

黄色所带有的印象和特性

　　黄色在色相环中是饱和度最高的颜色。由于具有吸引目光的作用和高度的可视性，因此经常被人们用作警示、催促的用途。

积极的印象：明快、活泼、幸福、雀跃、希望

消极的印象：疾病、背叛、幼稚

可联想到的事物：太阳、向日葵、维生素、重型机械、电灯

黄色的色阶

R255	R255	R255	R255	R243	R223	R183	R138	R091
G249	G246	G243	G241	G225	G208	G170	G128	G083
B177	B127	B063	B000	B000	B000	B000	B000	B000

01 黄与黑的搭配是最为醒目的组合

　　"COGY不弃寐之人的轮椅" 的主页以黄色为主题色，使用黑色作为重点色。

1 产品本身选用了十分醒目的黄色作为配色。与黑色搭配后，强烈的明暗对比使其可视性进一步提高。

　　由于黄色和黑色是最为醒目的一种色彩搭配，因此在也经常被用到具有警示作用的公共标志上。

2 页面整体使用高亮度的黄色，给人以活泼开朗的印象。

3 选用适合与任何颜色搭配的灰色作为基调色，同时又起到突出主题色的作用。

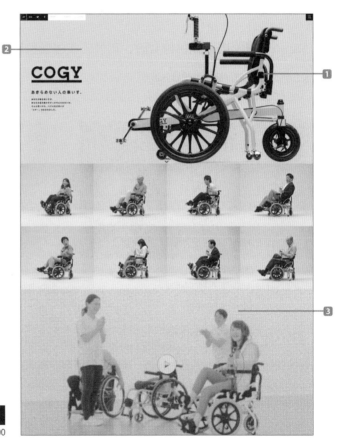

| R243 G243 B243 | R255 G213 B055 | R000 G000 B000 |

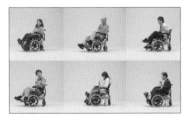

通过黄色的渐变背景，即使没有分界线，也能清晰地区分出每张照片。

视频播放按钮、幻灯片等均加入了主题色，让页面整体保持了统一的风格。

HOW IT WORKS

黄色的背景能够让黑色的文字更加醒目，所以黄色与黑色所展现的醒目对比效果是最好的。

❷ 将对比鲜明的黄色和紫色搭配在一起

　　暖色系颜色可以使人感到兴奋,由于具有提高食欲的效果,经常用在餐饮类网页设计中。

　　"Yogi" 的主页以黄色作为基调色,主题色则采用了紫色。

　　通过使用色相、亮度不同的黄色渐变,让黄色与紫色自然地搭配在一起,展现东方风韵。

R246 G199 B096　　　　　　　　　　R099 G032 B083

❸ 黄色能够表现儿童的活泼欢快感

　　"小神户2016" 的主页采用鲜亮的色彩和插图,这样的搭配能够让儿童在富有创造性的体验项目中获得快乐的经历。

　　网页的主题色为黄色。插图采用统一的色调,利用红蓝黄的对比,表现出活泼欢快的氛围。

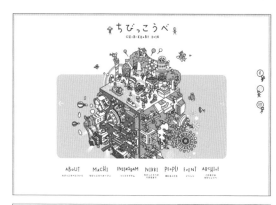

R250 G249 B244　　　　　R255 G220 B000　R231 G68 B000

❹ 高亮度黄色展现出爽朗的健康印象

　　"C1000" 的主页配色以其品牌色为基础,将黄绿色作为页面的主题色。

　　这种颜色的亮度很高,常用于表现高光,给人爽朗的健康感。页面的基调色也不是一片白色,而是采用了与主题色相同的黄色网点构成的底纹图案,让视觉效果更加轻松。

R245 G244 B197　　　　R229 G225 B066　R012 G151 B143

❺ 在照片中加入品牌色

　　在 "Enod Resto & Din Ap" 的主页里,将品牌色的黄色布置在页面的背景照片中,塑造出与品牌色统一的色调。

　　从品牌标志中取色的设计和从照片中取色的设计,都是网页配色中经常用到的方法。

R247 G242 B229　　　　R251 G217 B101　R199 G163 B137

03 以橙色为基调的配色

橙色所带有的印象和特性

橙色鲜艳的色彩带有亲切的印象，能够促进对话和交流，同时也有提高食欲的特性。

积极的印象：亲切、阳光、家庭、自由

消极的印象：任性、骚动、肤浅

可联想到的事物：夕阳、秋天、胡萝卜、柑橘、南瓜

橙色的色阶

R252	R249	R246	R243	R228	R210	R172	R131	R086
G215	G194	G173	G152	G142	G131	G106	G078	G046
B161	B112	B060	B000	B000	B000	B000	B000	B000

01 展现亲切、拉近距离的橙色

能够促进交流、具有亲和力的橙色经常被学校、招聘网站、社交网站等机构使用。

1 在 "UZUZ股份公司" 的主页里，页面整体都采用橙色系颜色的配色，大幅的宣传语和人物微笑的照片搭配在一起，展现出积极快乐的企业氛围。

2 页面的基调色采用高亮度的淡橙色，主题色则采用与商标背景颜色相同的橙红色。

3 标题部分使用了手写风格的字体，并采用左右居中的版式布局。淡橙色背景与黑色文字十分协调，恰当的行距体现出干净利落的印象。

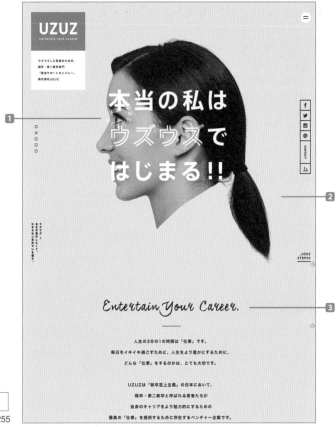

| R255 G226 B173 | R230 G103 B000 | R255 G225 B255 |

标题、链接采用主题色的橙色，保持了页面风格的统一。

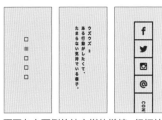

页面左右两侧的社交媒体链接、幻灯片图标等要素被设计成了较小的尺寸，以保证不会影响整体的色彩搭配。

在 "选择UZUZ的4个理由" 一栏中，深浅两种颜色的图框被交替布置在一起，让不同栏目之间有了明显的区分。

⓪2 橙色、黄色、红色构成的秋季氛围

在"科野之国ROUND TRAIL"的主页中，结合活动举办时节为秋季的特点，将页面渲染成象征秋季红叶的色彩风格。

其标志就由橙色和红色构成，基调色和主题色均为红色。页面左侧的报名链接图标则使用了与橙色互补的蓝色，使其格外醒目。主视图也采用黄色的配色，让整个页面都包围在温暖快乐的氛围中。

| R232 G144 B041 | R233 G068 B027 | R047 G101 B167 |

⓪3 使用与食品相关的代表性颜色

红色和橙色都有增进食欲的效果，因此被称为最适合与食物搭配的颜色。

在"伊藤养鸡场"的主页里，为了让用户感受在绿色环境中培育出的"安心、安全、美味的鸡蛋"，采用了橙色的主题色搭配黄绿色的重点色来展现其卖点。

页面文字使用的是近似于黑色的茶色，使文字的画面的效果不会过于突兀。

| R249 G248 B238 | R255 G255 B255 | R233 G085 B022
R169 G193 B000 |

⓪4 高亮度的橙色营造出适合儿童的家庭氛围

在"伴随阳光.com"的页面中，黄色被用作主题色，并与重点色的粉色搭配在一起。

整体色调亮度较高的配色营造出母性、童趣的风格。页面中使用各种不同的黄色系颜色，给人以温馨的视觉感受，搭配柔和的插图装饰进一提高了表现效果。

| R253 G253 B243 | R230 G127 B071 | R222 G103 B112
R245 G176 B041 |

⓪5 橙与黑的炫酷效果

当鲜艳的橙色与黑色搭配起来时，就会产生十分醒目的效果。

在"DIGRUIT45°"的页面中，橙色的背景与人物的黑色头发构成一幅颇具视觉冲击力的画面。同时，页面中间布置了大尺寸的白色数字，由于橙色的特性与黄色不同，白色可以在橙色的衬托下更为醒目。这样的搭配充分加强了数字的可视性。

| R255 G255 B55 | R238 G115 B037 | R000 G000 B000 |

PART2
04 以红色为基调的配色

红色所带有的印象和特性

红色具有精力充沛的活泼印象。常被用于突出食物的美味感，企业商标也经常使用红色作为配色。

积极的印象：热情、爱情、胜利、积极、干劲

消极的印象：危险、怒火、争端

可联想到的事物：苹果、火焰、玫瑰、口红、鸟居（日本神社前的那种牌楼）、血液、红叶

红色的色阶

R245	R239	R234	R230	R215	R199	R164	R125	R083
G176	G132	G085	G000	G000	G000	G000	G000	G000
B144	B093	B050	B018	B011	B011	B000	B000	B000

01 增进食欲的红色

红色对人类的生理影响作用最强，被称为能够增进食欲的颜色，像可口可乐等食品企业就采用红色作为品牌色。

1 蛋奶冻苹果派专卖店"RINGO"主页标志也采用红色配色。

2 页面的配色和标志的红色作为基调色，主题色设定为白色。

文字采用黑色和灰色的配色，这两种颜色适合与任何颜色进行搭配，还不会影响原有配色的整体感。

3 照片中苹果的红色、蛋奶冻的黄色、苹果派的茶色营造出暖色系的色彩环境，产生了提高食欲的效果。

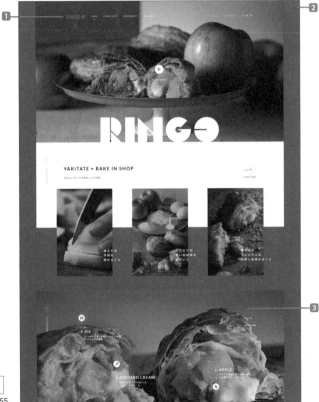

R213 G020 B043   R255 G255 B255

在白色底色的衬托下，红色的醒目程度被进一步加强。

页面的背景色也并非全都是白色，一些地方用灰色进行装饰，表现出稳重的效果。

谷歌地图的外框也结合设计风格，用无彩色和红色进行了搭配装饰。

02 高亮度的红色展现出干劲和年轻气息

　　"二子玉国际学校"主页的主题色采用鲜明的红色，重点色使用的是高亮度的黄色。

　　网站标志的背景色由主题色过渡到重点色的红黄渐变构成，并搭配上带有色阶变化的红色长方形色块。整体配色明快，表现出学校应有的干劲和年轻气息。

03 暗红色展现传统气息

　　"日本桥 宣纸 榛原"的主页采用了传统艺术工艺品的深色调配色。

　　页面的基调色选择了白色，与主题色的暗红色构成了鲜明的对比。

　　商品在背景照片中藏青色琉璃桌面的衬托下，表现出日本传统工艺品特有的风格。

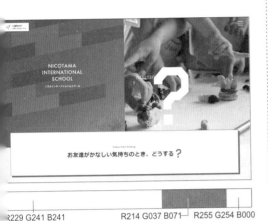

R229 G241 B241 ┃ R214 G037 B071 ┗ R255 G254 B000

R255 G255 B255 ┃ R192 G003 B052 ┗ R000 G067 B111

04 黑色与红色的强烈对比传达出热情之美

　　"Finesse Design 时尚创新工作室"的主页采用了大面积的红色和黑色进行搭配，两种色彩产生出强烈的视觉冲击力。

　　工作室的理念是"洗练的热情之美"，将女性的照片作品以红色调来表现。重点色的白色在背景色的衬托下显得格外醒目。

05 随处装点的亮红色营造出快乐的气氛

　　这是"牛奶香皂红箱"的主页。

　　红色的品牌色也被用在页面的各种图标、线框上，将页面打造成时尚流行的风格。红色背景上的文字和图标全部使用白色的粗线条样式。

　　页面各处布置的曲线元素更能表现出欢乐的气氛。

R000 G000 B000 ┃ R299 G006 B006 ┗ R255 G255 B255

R248 G249 B242 ┃ R229 G000 B018 ┗ R195 G169 B080

PART2 ⓪5 以粉色为基调的配色

粉色所带有的印象和特性

粉色带有温柔和蔼的特性，有研究指出粉色能促进女性荷尔蒙的分泌，在网页设计上是最适合吸引女性用户的颜色。

积极的印象：可爱、浪漫、年轻

消极的印象：幼稚、纤细、脆弱

可联想到的事物：樱花、波斯菊、口红、女性、化妆品

粉色的色阶

R244	R238	R232	R228	R214	R198	R164	R126	R085
G180	G135	G082	G000	G000	G000	G000	G000	G000
B208	B180	B152	B127	B119	B111	B091	B067	B037

⓪1 受女性欢迎的粉色

据称粉色有促进女性荷尔蒙分泌的作用，由于受到女性的喜爱，以女性为目标用户群的广告设计中经常会使用粉色的配色方案。

1 "福冈软银猎鹰队的鹰少女"的主页中，标志和主题色采用同一种粉色，而重点色则使用球队的黄色。

2 "Monthly Info"的背景部分为高亮度的粉色，与白色的基调色形成鲜明的对比。

3 鲜明的粉色设计正是年轻女性用户所喜欢的配色风格。

R255 G255 B255　　　R205 G101 B141　　R203 G175 B040

半透明的粉色背景没有沉闷的感觉，产生出轻松的印象。

在礼花的照片中镶入粉色图框，使其与整体配色风格保持一致。

将样式独特的英文字体与粉色搭配在一起，使页面效果更加可爱。

※上述内容为该网站改版前的样式。

⓪2 白色和粉色展现出温柔安稳的印象

　　"医疗法人新产健会"的主页中采用白色的基调色，主题色使用与标志色相同的柔和的粉色，营造出安稳的氛围。

　　文字中需要突出的部分使用黑色配色，更多的说明讲解文字采用灰色，同样是为了给用户以柔和的视觉效果。

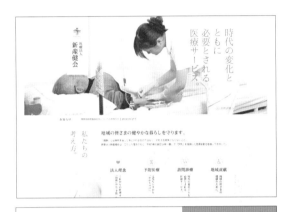

R255 G255 B255　　　　　　　　　R205 G077 B133

⓪3 高饱和度的艳粉色表现出的视觉冲击力

　　"九重股份公司"的主页使用高饱和度的艳粉色作为基调色，配合主题色的黑色和重点色的白色，打造出色彩对比鲜明的视觉效果。

　　鲜艳的粉色经常用于表现艺术、音乐类主题的网页设计，象征着精彩华丽的演出。

R211 G018 B119　　　　　R000 G000 B000　R255 G255 B255

⓪4 柔和的粉色与金色搭配出高品质的印象

　　"Kikk festival 2015"的主页采用粉色作为基调色，并选用白色的主题色和金色的重点色。背景中的粉色部分通过渐变方式逐渐过渡为黄色，营造出轻盈的氛围。在以女性为目标用户群体的设计中，粉色与金色的搭配是最具代表性的配色样式。

R248 G202 B202　　　　　　R255 G255 B255　R189 G153 B114

⓪5 黑色与粉色组合出时尚的风格

　　"Ben Pearce"主页采用的设计是，当用户卷屏操作时，页首视图中基调色的黑色就会随着屏幕下拉而变成浅粉色。

　　这种大面积黑色转变为粉色的设计，可以让页面带有时尚潮流的气息。页面中的色彩发生变化后，所表现出的印象也会随之改变。这是一种随用途而改变配色面积比的设计样式。

R234 G196 B201　　　　　　　　　R000 G000 B000

PART 2
06 以紫色为基调的配色

紫色所带有的印象和特性

　　紫色具有神秘且优雅的气质，象征着高贵和权力。在珠宝、化妆品、占卜类网页的设计中经常会用到紫色。

积极的印象：高级、神秘、高质量、优雅、传统

消极的印象：不安、嫉妒、孤独

可联想到的事物：葡萄、薰衣草、红酒、蓝莓

紫色的色阶

R207	R186	R166	R146	R138	R128	R106	R080	R050
G167	G121	G074	G007	G000	G000	G000	G000	G000
B205	B177	B151	B131	B123	B115	B095	B070	B040

---

01 引发灵感的紫色

　　就如同紫色是占卜类网页设计中的代表色一样，紫色能够让感性更加敏锐，同时还能激发灵感。

■ "kikk festival" 是一个将数字化和神学结合起来的国际文化庆典网站，其基调色采用的是深紫色。

■ 深紫色的背景上布置了白色的文字，鲜明的对比让用户能够清晰地查找到所需的内容。

■ 页面中间的反光球体被设计成了动态形式，卷屏时球体上的反光效果也会随之变化。

　　球体的反射光中也加入了紫色成分，使其与背景融合到一起。

R043 G000 B089　　　　R255 G255 B255

照片被处理成了高亮度紫色渐变的效果，同时装点上了光斑特效。

调整成紫红色调的照片与背景中的紫色保持了统一的色彩风格。

文字说明和链接图片的分界，使用明暗差别鲜明的紫色加以区分。

02　黑白照片与紫色构成的炫酷效果

"立教大学 异国文化交流学部" 的主页中只用了紫色这一种颜色作为配色。导航栏中的当前位置标识使用的是高亮度的紫色。另外, 可选择的按钮背景色为低亮度紫色, 给人以按钮被按下的感觉。虽然是大学的宣传页面, 但是搭配上黑白照片就营造出炫酷的视觉效果了。

R255 G255 B255　　　R077 G033 B124　　R214 G194 B222

03　鲜明的紫色与粉色组合成颇具个性的配色方案

当高亮度的紫色与粉色组合在一起时, 两种鲜亮颜色将 "ONE SHARED HOUSE" 的主页效果塑造得颇具个性。

紫色与粉色在色相环中是近似色关系, 所以将其搭配在一起是不容易出现失误的。主视图的照片被塑造成镶嵌在紫色房间中的效果。文字选用白色和粉色的配色, 字体经过加粗, 使用户能够快速看清文字内容。

R100 G014 B205　　　R255 G057 B117　　R255 G255 B255

04　代表日本传统风格的紫色

董菜花的紫色、桔梗花的紫色, 都是传统的日本色彩, 很多和服都会将这类紫色用到服饰设计中。古时候紫色的染料非常贵重, 其印染方法也颇具难度, 因此紫色就成了达官贵人的专用颜色。

在 "河豚料理 下关春帆楼" 的主页中, 将鲜艳的紫色作为主题色, 展现出其传统、高雅的品质。

R255 G255 B255　　　　　　　　R103 G042 B116

05　表现神秘的氛围

紫色是一种神秘且充满灵感的颜色。

"FAST Project" 的主页整体都采用亮度较低的颜色, 通过紫色的渐变表现出星空、宇宙的效果。标题类的文字采用白色的配色, 而文章的内容部分则采用淡紫色的配色, 带有一定对比的文字配色提高了文章的可读性。页面内的链接按钮使用了高亮度紫色, 使其更加醒目。

R046 G046 B070　　　R082 G042 B140　　R091 G078 B158

⑦ 以蓝色为基调的配色

蓝色所带有的印象和特性

据说蓝色是世界上最受人欢迎的颜色。在表达智慧、冷静、信赖、坚实等印象时，通常都会用蓝色来表现。

积极的印象：智慧、冷静、城市、清洁

消极的印象：寂寞、冷淡、悲伤、懦弱

可联想到的事物：天空、海洋、清水、下雨、泳池、夏天

蓝色的色阶

R163	R108	R024	R000	R000	R000	R000	R000	R000
G188	G155	G127	G104	G098	G090	G082	G073	G104
B226	B210	B196	B183	B172	B160	B147	B134	B183

⓪① 表现清澈水灵的蓝色

蓝色最能代表的就是水，因此在饮料类产品的包装上经常会出现蓝色要素。

1 "pocarisweat" 的主页采用蓝色系颜色的配色方案，表现其饮料产品清凉水灵的印象。

页面基调色为白色和浅灰色，其他各部分用色也均为冷色系颜色。

2 通知中心的背景色采用低亮度、半透明的藏青色，从而将白色的文字衬托得更为醒目。

3 手绘插画也采用蓝色系颜色的配色，给人以清爽的感受。

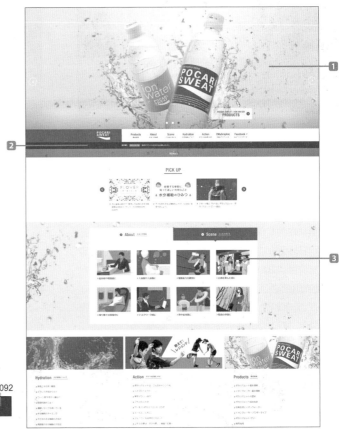

R005 G033 B092

R255 G255 B255　　R237 G241 B243　　R001 G093 B178

页面中的文字全部采用的是深蓝色或灰色的配色，而没有使用黑色配色的部分。

整体页面的配色都统一成蓝色系颜色，照片也改为单色，以保持色彩的统一效果。

高亮度的蓝色和白色组合以后，可以产生透明、洁净的视觉感受。

② 浅蓝灰色营造出的稳重感

　　"Dog Salon KUSKUS" 的主页将驼色作为基调色，主题色采用明亮的浅蓝灰色，在保持了明快色调的同时，又展现了稳重的特色。

　　灰色调颜色容易让人联想到北欧风情，因此也是受到女性青睐的一种配色。

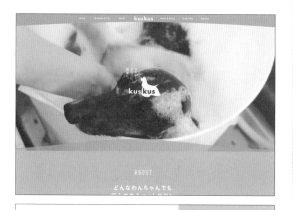

R255 G245 B228　　　　　　　　R094 G172 B194

③ 使用高亮度黄色作为重点色

　　蓝色是最适合表现信赖性与坚实性的颜色。为此很多企业都会使用蓝色作为自家网页的配色。

　　"信越电装股份公司" 的主页上采用蓝色作为主题色，同时选择与蓝色形成鲜明对比的黄色作为重点色。高亮度黄色的 "Delivery With in the day" 标语在蓝色的衬托下显得格外醒目。

R230 G230 B230　　　　　R000 G113 B190　　R255 G234 B000

④ 浅蓝色与白色构成了清爽的时尚感

　　高亮度和高饱和度的颜色搭配在一起，表现出的是清爽的时尚感。

　　"Z CROQUANTCHOU-zakuzaku" 的主页使用高亮度的浅蓝色作为基调色，同时采用白色的主题色和黑色的重点色。

　　背景中布置的高分辨率照片与背景色相互平衡，给人以清爽的视觉感受。

R063G163 B203　　　　R255 G255 B255　R000 G000 B000

⑤ 深蓝色和高亮度蓝色搭配出的未来感

　　"东京大学Edge Capital-UTEC" 的主页将近似于黑色的深蓝色与高亮度的蓝色搭配起来，展现出颇具未来感的视觉效果。

　　首页标题等部分采用半透明设计，背景中滚动播放着展示各种先进科技的动态图像。即使进入次级页面，也依然保持了这种充满未来科技感的半透明的设计风格。

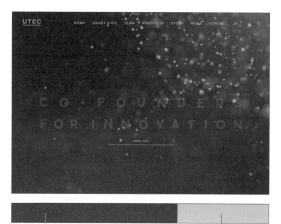

R029 G039 B057　　　　　　　　R017 G183 B218

PART2
08 以绿色为基调的配色

绿色所带有的印象和特性

绿色带来稳定的气氛,同时给人以安心感。以天然、健康为卖点的户外活动、环保、健康食品等主题的网站,经常会使用绿色作为其主页的配色。

积极的印象:自然、和平、放松、环保

消极的印象:保守、不成熟

可联想到的事物:植物、森林、茶叶、牧场、春季、蔬菜

绿色的色阶

R165	R105	R000	R000	R000	R000	R000	R000	R000
G212	G189	G169	G153	G145	G135	G113	G086	G055
B173	B131	B095	B068	B064	B060	B048	B031	B005

01 由绿色联想到的大自然和茂盛的植被

提起绿色,首先让人联想到的就是大自然,为此很多环保、户外活动类的网站都采用了绿色的配色方案。

1 "玉名牧场"的主页将象征草地植被的绿色、黄绿色等绿色系颜色作为主题色,展现出具有亲和力的稳重氛围。

2 白色的基调色表现出原生态的印象。

3 马克笔风格的黄色色条在页面中起到了重点色的作用。

图标和配图将页面色彩调整到一个均衡的状态,这也是绿色稳定的特性在发挥作用。

R225 G215 B055

R255 G255 B255　　R069 G119 B003　R110 G169 B036

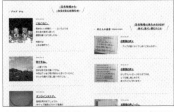

在浅灰色背景的衬托下,画面效果显得柔和而稳重。

用白色色条作为绿色和黑色文字的背景,并覆盖在照片上。

页脚部分布置有弧线边缘的黄绿色色块,象征大地的造型,同时布置了动物的插图,体现了网站的自然理念。

02　浅色调的绿色和暗灰色调的蓝色 构成统一的美感

　　"Grosse Lanterne" 的主页采用浅色调的绿色作为基调色,主色调使用了暗灰色调的蓝色。整个页面通过较少种类的色彩,展现出了简约之美。

　　标题部分使用了重点色的白色,通过与背景色对比,使标题突出出来。这个白色也并非纯白,而是掺入了少量绿色成分,让标题不会显得十分突兀。

R104 G183 B135	R011 G054 B097	R232 G240 B222

03　清爽的绿色展现健康的印象

　　"国分寺中心高尔夫练习场" 的主页将令人心旷神怡的祖母绿作为主题色使用。首页视图中高尔夫球场的草坪和周边环境照片中所展示出来的颜色也都是自然的绿色。重点色采用高亮度的橙色,以表现运动与健康的印象。

　　页面的基调色为白色和淡灰色,与之搭配的是页眉部分所布置的近似于黑色的蓝色色条。

R255 G255 B255	R040 G180 B114	R250 G138 B138

04　古朴的绿色与黑色搭配出的日式风格

　　销售茶类产品的 "京都 宇治 伊藤久右卫门" 的主页,使用象征抹茶、茶叶的褐绿色作为主题色。

　　首页位置上将产品照片布置在全黑的背景上,烘托出茶道的闲寂和禅宗的意境。页面的基调色选用的是浅驼色,将古朴的褐绿主题色衬托得更加醒目。

R243 G236 B219	R077 G109 B045	R131 G151 B029

05　用高亮度的绿色和白色展现透明感

　　在大面积白色中加入高亮度的绿色,能够展现出爽朗的透明感。

　　"日本医疗股份公司" 的主页采用白色背景搭配高亮度的绿色波浪线,呈现出了充满高科技感的企业形象。

R255 G255 B255	R000 G186 B000	R000 G241 B000

PART2
⑨ 以茶色为基调的配色

茶色所带有的印象和特性

茶色是由红色和黄色混合而成的色彩,具有坚实、稳定、自然的印象。也是象征秋季的颜色。

积极的印象:天然、安心、坚实、传统

消极的印象:过时、顽固、污秽

可联想到的事物:大地、土壤、枯叶、红茶、巧克力

茶色的色阶

R209	R186	R167	R149	R140	R130	R106	R079	R049
G183	G147	G115	G086	G080	G073	G058	G039	G014
B153	B106	B067	B041	B038	B033	B020	B002	B000

01 用茶色展现自然与安心的感觉

茶色与大地、树木枝干的颜色相近,带给人天然与安心的印象。在家装领域中经常用到茶色系的配色方案。

1 在"定制厨房的七彩空间"的主页里,将各种茶色色块组合成主视图。

2 页面的基调色采用白色和高亮度的茶色搭配,主题色则采用沉稳的茶色。

同时文字部分也使用了茶色,让页面展现出柔和的氛围,是一种追求自然效果的设计方式。

R255 G255 B255	R095 G076 B063

02 浅灰色调的茶色表现出休闲的风格

"Gelateria del Biondo"的主页采用浅灰色调的茶色作为基调色,主题色使用的是深巧克力色。

浅灰色调的茶色有着柔和适中的天然效果,这种颜色只需要改变亮度,就能与各种时尚风格的设计搭配出亮丽的效果。

R225 G198 B173	R093 G060 B040

⓪③ 黑色与高亮度茶色搭配出成熟的时尚气息

带有时尚气息的茶色在时尚设计界中也非常受欢迎。

"Angelika Favoretto"的主页使用黑色作为基调色，主题色和照片的背景都使用了高亮度的茶色，展现出成熟的时尚气息。

R000 G000 B000　　　R180 G141 B104

⓪④ 褐色表现的怀旧感和年代感

褐色的照片能够引起人们对于过去的怀念之情。

"黑川温泉驿站旅馆"的主页上用茶色的版画风格的图像作为主视图，表现出充满怀旧的年代感。

R203 G169 B128　　　R042 G035 B025 ─ R148 G037 B035

⓪⑤ 巧克力色表达出的印象

"KOBE CHOCO"的主页采用微黄的白色作为基调色，主题色使用了接近巧克力色的红茶色。

重点色使用的是暖色系的黄色，意在表现醇厚的口味。茶色与黄色的色相相近，很适合搭配在一起。

R239 G240 B222　　　R065 G009 B008 ─ R235 G209 B079

⓪⑥ 高亮度背景色与茶色搭配出
　　 质朴的柔和感

"甘党八乃木"的主页使用高亮度的驼色和白色作为基调色。同时将象征红小豆和树木的茶色作为主题色，表现出日式风格的质朴和柔和。

另外落叶也是秋季代表的景象，页面中布置的红叶照片和插图向用户展现出季节特色。

R228 G227 B223　　　R145 G053 B035 ─ R179 G030 B035

PART2
10 以白色和灰色为基调的配色

白色和灰色所带有的印象和特性

白色和灰色都是无彩色。白色具有洁净和轻盈感，能够将低亮度颜色衬托得更加醒目。灰色适合与任何颜色搭配，在表现品质的时候大多会选择灰色进行配色。

白色

积极的印象：祝福、纯粹、洁净

消极的印象：空虚、煞风景、冷淡

可联想到的事物：衬衫、纸张、医院、天鹅、牛奶、白糖、雪

灰色

积极的印象：实用性、稳重、可控性

消极的印象：暧昧、疑虑、非正当、无精打采

可联想到的事物：混凝土、灰尘、石料、烟雾、铅、老鼠

01 表现透明感和洁净感的白色

白色是象征洁净的颜色。在一些婴儿用品、床上用品、医疗器具的网页设计中，都会用到白色。

1 "BABY GI" 的主页使用白色作为基调色，重点色选用的是灰色。

2 主视图被整体覆盖了一层浅灰色，页面中其他照片的背景也被弱化，以增加其透明感。

3 文字行距设定得比较宽松，上下留有空白，让白色背景显得更加宽阔。

白色也是各种颜色中最具轻盈感的颜色，这种特性可以让设计风格显得格外细腻。

R255 G255 B255 　　　 R242 G242 B424

02 白色也可以表现出美容业的考究与时尚

白色也适合与任何颜色搭配。

与其洁净的特性相反，白色能够表现出都市般的考究印象。

美发沙龙 "BUNDY BUNDY" 的主页就将白色作为基调色，主题色则使用黑色。整体页面的配色均由无彩色构成。通过与主视图上的彩色照片相互衬托，营造出新颖时尚的视觉效果。

R255 G255 B255 　　　 R021 G024 B027

03 灰色可以让不同色调的照片搭配在一起，还能够突出照片的效果

　　"Woven Magazine"的主页中布置有很多宣传语和照片。

　　页面的基调色采用浅灰色，不仅能够与各种非主体照片搭配到一起，还能够让色彩出众的照片有着更加鲜明的效果。

| R229 G229 B229 | R000 G000 B000 | R026 G161 B112 |

04 白色、灰色、红色表现出精致考究的印象

　　"Freewrite"的主页使用白色和灰色作为基调色，在此基础上又点缀红色的重点色。

　　单一的灰色几乎没有什么特色，但当灰色与鲜艳的颜色搭配起来后，就能给人以精致考究的印象。

| R246 G246 B246 | R219 G217 B214 | R211 G050 B505 |

05 白色和带有蓝色成分的灰色展现出俊美的男性魅力

　　"健身空间B.E.A.T"的网站以运动为主题，但其并没有使用运动类网页常用的暖色系颜色。

　　这个网站的主页将白色作为基调色，灰色设置为主题色，重点色使用的是蓝色，意在表现出俊美的男性魅力。

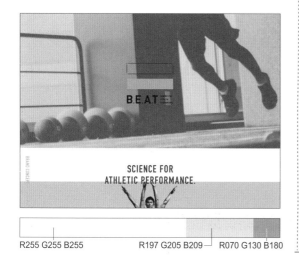

| R255 G255 B255 | R197 G205 B209 | R070 G130 B180 |

06 白色、灰色、藏青色营造出稳重安心的感觉

　　"招聘下一代教育研究院"的主页使用白色和高亮度的灰色作为基调色。

　　页面的重点色选用的是藏青色，让页面效果显得柔和不突兀，给人以稳重安心的感觉。

| R255 G255 B255 | R242 G244 B245 | R013 G053 B099 |

PART2
11 以黑色为基调的配色

黑色所带有的印象和特性

黑色和白色都属于无彩色。黑色在象征高端、权威等积极意义的特性的同时，也带有死亡、邪恶等消极方面的印象。

积极的印象：高级、考究、一流、威严
消极的印象：恐怖、不安、绝望
可联想到的事物：燕尾服、钢琴、墨汁

无彩色的色阶

R255	R221	R202	R181	R160	R137	R089	R062	R035
G255	G221	G202	G181	G160	G137	G087	G058	G024
B255	B221	B202	B181	B160	B137	B087	B057	B021

01 将色彩统一起来展现出炫酷效果的黑色

无彩色中的黑色能够与任何颜色搭配，无论何种颜色都会在黑色的衬托下显得更加鲜明。在一些追求炫酷风格的时尚网站中，都少不了黑色的配色设计。

1 在"Ditto"的主页中，黑色被设置为基调色，主题色则使用了白色，整个页面只有这两种颜色。由于黑白对比非常分明，白色的文字在黑色背景的衬托下显得清晰明了。

2 主视图的照片轮廓加入了白色光晕效果，使人物形象清晰突出。

3 由于黑白组合的视觉效果十分醒目，因此适合使用笔画较细的字体。

R000 G000 B000 — R255 G255 B255

02 用黑色背景衬托透明的物体

"Gillemore"主页上出现的酒瓶由黑色和白色构成。

主视图的背景使用了与酒瓶颜色相同的黑色纹理图案，在纹理图案的衬托下，酒瓶和玻璃杯的光泽得到强化，使其在页面中显得非常突出。

玻璃杯中的酒液也在黑色背景的衬托下，展现出晶莹剔透的视觉效果，使人垂涎欲滴。

R004 G000 B000 — R255 G255 B255

ⓄЗ 黑色和金色展现高级感

　　黑色可以将其他颜色衬托得醒目而美丽。在名为"GyozaBar-Singapore"新概念饺子料理店的主页上，通过黑色和金色的搭配，让这一传统料理展现出极品高端的效果。

　　页面中的重点色是象征漆器上金箔的金色，营造出日本传统品质的印象。

R016 G016 B016　　　　　　　　　　　R204 G148 B037

Ⓞ4 让照片更加鲜明的黑色

　　对于纪念照来说，无彩色是最适合与之搭配的颜色。

　　在"First Film"的主页上，页眉和页脚部分使用了大面积黑色。当用户打开首页时，首先看到的是一张全屏照片，然后照片才会被页眉页脚的黑色色条夹在中间。在黑色的衬托下，照片显得更为清晰鲜明。

R000 G000 B000　　　R255 G255 B255　　R199 G157 B108

Ⓞ5 蓝与黑，信赖与坚实的表现

　　黑色能够产生分量感和品质感，适合表现精密仪器或机械的魅力。

　　"东送风机股份公司"的主页将无彩色的白色、灰色、黑色与冷色系的蓝色搭配在一起，表现出稳重的印象。同时蓝色所带有的信赖、坚实的特性，通过黑色的衬托显得更加突出。

R232 G232 B232　　　R000 G0000 B000　　R045 G089 B180

Ⓞ6 红黑组合带来的视觉冲击力

　　"YouFab Global Creative Awards 2016"的主页采用了黑色的基调色、白色的主题色，以及红色的重点色。

　　当这几种亮度与饱和度都有明显差别的颜色组合在一起时，在不同颜色形成的鲜明对比下，能够展现出强烈的视觉冲击力。

R000 G000 B000　　　R255 G255 B255　　R215 G021 B024

PART2
12 与色调相结合的配色

不同色调所带有的印象特征

 p 薄透色调
女性风格、可爱

 v 鲜明色调
清晰、鲜艳

 st 柔和色调
柔和、恬静

ltg 浅灰色调
冷静、稳重

lt 清淡色调
清爽、儿童风格

s 强力色调
强壮、动态

 d 阴暗色调
迟缓、暗淡

g 灰色调
浑浊、灰暗、质朴

 b 明亮色调
光明、健康活力

 **dp** 深色调
浓厚、传统

 dk 暗黑色调
深暗、成熟

dkg 深灰色调
男性风格、昏暗、沉重

---

01 明亮色调表现健康和阳光的印象

　　明亮色调能够表现出健康和阳光的印象。

1 "走到哪里都是日本"是日本一家提供畜牧业资讯的网络杂志，其主页分为"工作""餐饮""生活"和"连接"4个分类，使用蓝色、红色、绿色和橙色进行区分。

2 通过不同的色块和图标，简单明了地区分出首页中各个分类的栏目位置。当用户点击色块进入到相应的次级页面中时，页面的背景采用相应颜色类别的浅色配色。

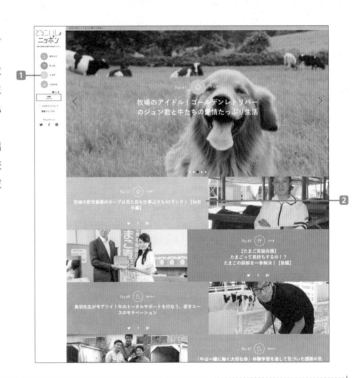

b 明亮色调
光明、健康活力

02 清淡色调表现出爽朗的效果

　　"东京医疗保健大学"的主页使用绿色到粉色的渐变色作为背景，表现出先进理念。

　　各个学科的介绍栏目分别用粉色、绿色、蓝色、黄色加以区分。虽然颜色较多，但色调却保持了统一。亮度较高的颜色能够展现出年轻人阳光、爽朗的风格。

 lt 清淡色调
清爽、儿童风格

03 阴暗色调营造的怀旧之美

"#Satchmi Vinyl Day" 的主页采用以低饱和度红色为主的阴暗色调配色方案。

颜色暗淡的插图表现出沉稳、深厚的怀旧效果。美式怀旧风格的设计中经常会用到这种配色 (译者注: 该页面已改版)。

 阴暗色调
迟缓、暗淡、中间色

04 薄透色调表现出面向儿童的可爱效果

"长颈鹿苏菲" 的主页采用了薄透色调的背景色, 让页面整体带有可爱的效果。页面中的不同栏目分别用黄色、粉色、蓝色等进行了区分。

网页采用笔画较细的字体, 来展现女性的温柔。

 薄透色调
女性风格、可爱、轻盈

05 暗黑色调所展现的稳重气氛

护肤品网站 "P.G.C.D.JAPAN" 的首页采用暗黑色调将多种不同色彩的背景照片和视频图像统一起来。

由于照片中的一些颜色在暗黑色调下显得比较相近, 所以即使颜色种类很多, 也并不会破坏稳重的整体风格。

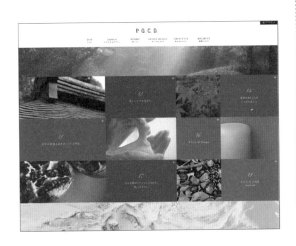

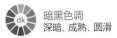 暗黑色调
深暗、成熟、圆滑

06 深色调表达出的清晰明确感

色彩丰富的深色调配色让 "神田外语大学考生服务网站" 展现出年轻且充满活力的视觉效果。

在高亮度的黄色和白色背景上布置有黑色的文字, 而在粉色、绿色背景上使用的则是白色文字, 可以形成更加鲜明的色彩对比。

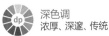 深色调
浓厚、深邃、传统

配色生成器与浏览器插件

◉ 如果不擅长配色，那就使用配色生成器吧！

对于不擅长配色的用户来说，推荐使用免费的在线配色生成器来进行配色工作。

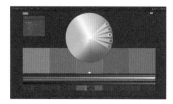

● Adobe Kuler

进入页面以后，执行页面菜单栏中的"建立"命令，然后在菜单下方的"色彩规则"中选择相应的规则。接着用鼠标左键拖动画面中央色盘上的滑块或底部的颜色轴调节滑块，就能够自动生成相应的辅色。也可以通过参数来设置特定的颜色。

执行菜单栏中的"探索"命令后，能够查看到其他用户制作的颜色样本。

● HUE/360

打开页面后，在下方的 Circle Controller 中设置好相应的参数，然后在色盘中选取主色（选好的主色会显示在页面最下方的调色栏中）。这时色盘中剩下的颜色就是辅色，点选后就会依次排列在最下方的调色栏中。完成所有颜色的选择，单击调色栏最左端的"Print User Color"选项，各个颜色参数就会显示出来。

※按住 Shift 键再单击色盘中的色块，该颜色就会被设定为当前页面的背景色。

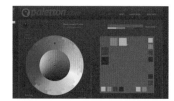

● Paletton

在色盘左下角指定出 Base RGB 的参数，然后设置色盘的颜色挑选规则后，备选的配色就会出现在画面右侧的栏目中。点击相应的颜色，就可以显示出该色彩的详细参数。

● 网页配色工具 Ver2.0

在页面右侧的栏目中依次输入相应项目的参数后，该工具就能自动生成出所需要的配色。

◉ 用于提取网页颜色的浏览器插件

如果想要从网页中提取配色方案，可以使用下列小插件来实现。

● ColorZilla

首先根据下列地址将该插件安装到浏览器中，然后在相应浏览器中打开想要提取颜色的网页，点击扩展程序，选择"WebpageColor Analyzer"，这时页面内 CSS 所指定的颜色就会被提取到调色板中。有些颜色可以直接通过浏览器的提取功能提取出来。

● ColorPick Eyedropper

首先根据下列地址将该插件安装到浏览器中，激活插件后在相应浏览器中打开想要提取颜色的网页，这时只要用鼠标左键在页面内单击想要提取的颜色，被单击的颜色参数就会显示在右侧的颜色窗口中。

从不同行业、领域方面
进行网页设计

在这一部分中，将从多个角度对不同行业、不同领域的网站所出现的信息设计方法及其异同进行分析，同时还会在功能、配色、版式等方面进行逐一解析。读者在实际的网页设计工作中，可以参考上述分析结果，并加以利用。

01 西餐厅、咖啡店类网站的网页设计

西餐厅、咖啡店类网站的网页设计特点

用户在搜索西餐厅、咖啡店的主页时，通常在点评类网站上进行搜索，根据实体店所在的区域、类别或者店铺的名称进行查找。网页如何设计才能吸引客户到实体店消费，就是设计中的重点了。

在设计时可以通过大幅的照片、视频来介绍店内的环境，用亮丽的照片来展示美味诱人的菜品。同时还要在页面上列出如何预约、交通路线、营业时间、盘点日、通知等相关栏目。

❶ 配色

- R208 G020 B028
- R151 G183 B048
- R231 G153 B096
- R082 G036 B017
- R088 G097 B044
- R227 G104 B044

❷ 素材

营业时间	12:00～19:00 (L.O 18:00)
盘点日	周二
座位数	50 席

📞 03-1234-5678

📍 🐦 📷 f

❸ 该行业网站可参考的版式

P.128 组合专栏型版式
P.134 自由型版式

01 用亮丽鲜艳的照片来展现菜品的美味

不仅是西餐厅和咖啡店，在与食品销售相关的网站上展示亮丽诱人的美食照片都是设计中的重要一环。尤其是要挑选尺寸大、色彩鲜艳的照片用于页面的展示。后期处理上，最好将照片调整为红、黄等暖色调，并提高色彩的亮度和饱和度。

❶ "冠军咖喱"的主页上使用易于刺激食欲的红色作为主题色。

❷ 页面上部布置有铺满页面两边的图框。使用 background-attachment: fixed功能，将背景图片从固定状态变为卷屏状态，这样当用户向下滚动屏幕时，图框中的照片就会随着屏幕而显示出其余的部分。

❸ 页面下部的图框中布置有香浓的咖喱卤正浇在米饭上的照片，向用户展示出菜品的魅力。

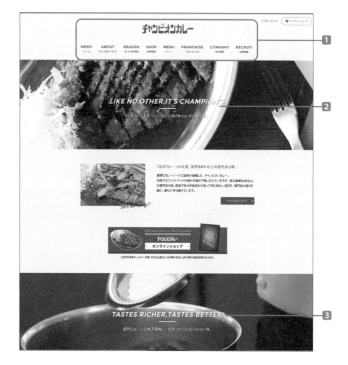

店内环境的照片通过滚动播放的方式展现给用户。每一张菜品的照片都被提高了亮度。

菜单上每一个项目都配有照片，让用户直观了解相应的菜品。

店铺信息部分记载了营业时间、盘点日等内容，还配上了店铺的外景照片和导航地图链接。

⓿2 用视频展现店内景象和菜品制作现场

网页中的视频能够让用户身临其境般地感受店内的景象。

在"CRISP SALAD WORKS"的主页中，背景部分滚动播放的是展示厨房加工菜品的各种镜头，用户可以通过视频直观地了解到店内的景象。同时网站还提供了介绍员工一天工作的视频，将周到满意的面对面服务也向用户展示出来。

R244 G206 B031　R231 G224 B213　R016 G016 B017

⓿4 通过社交平台发布实时信息

实时地更新信息，会让店铺给人朝气有活力的印象。

"熏制RESTAURANT&BAR SMOKEMAN"的主页将Instagram网站的链接布置在页面下方，通过照片向用户展示店内景象和各类菜品，同时用户还能查阅到相关照片的各类评论。Facebook或Twitter上相应的插件也可以用于类似展示。

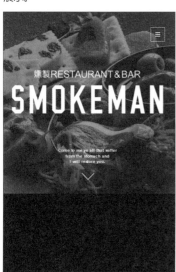

Instagram所展示的店内景象。

⓿3 将特色菜谱展示在页面上部

在"南青山Chocolat Chic"的网页中，页面上部布置的是特色产品的照片和文字介绍，新推出的产品还会标记上"NEW"的字样。

不同季节的菜单、应季的食材也都被展示在页面上部，让页面有着更丰富的效果。同时，网页还向老客户推荐新的店铺信息，保持用户的新鲜感。

⓿5 用简单明了的方式注明预约方法

"the ringo西麻布"主页右上部分的菜单位置设置有预约功能的按钮。

该预约按钮设置了圆角形的背景色，使其和菜单中其他功能有所区别，显得更为醒目。当用户单击预约按钮后，页面就会跳转到相应的第三方服务网站。

POINT

从官方网站进行预约的用户可以获得特别纪念品的提示，也是吸引用户直接预约的一种方法。

PART3
⓪2 医疗机构类网站的网页设计

医疗机构类网站的网页设计特点

　　医疗机构的网站面向的是不同年龄段的各种用户，这就要求网页的设计必须简洁明了，让所有人都能方便地浏览和使用网站。

　　视力障碍人士、老年患者、色盲色弱患者等特殊群体经常会浏览大型综合医院的网站，这就要求网页设计也一定要照顾到这部分群体。

　　对于用户访问频率较高的信息，如门诊时间、交通线路、疑问解答等重要信息，设计时应该尽量展示在首页的显著位置上。

❶ 配色

R232 G221 B194	R274 G199 B100	R240 G148 B177
R126 G180 B043	R087 G184 B227	R017 G129 B191

❷ 素材

📞 03-1234-5678　🔍

| 标准 | 大 | 最大 | 白 | 青 | 黄 | 黑 |

❸ 该行业网站可参考的版式

P.120 网格型版式
P.126 双专栏型版式

⓪1 打造无障碍的网页

　　由于访问医疗机构网站的用户可能是患者、患者家属、医疗行业从业者、应届毕业生或应聘者等各类人群，所以一定要遵循无障碍网页的概念进行设计。

❶ "流山中央病院"网页的页眉部分使用了背景色可更换的设计，以方便色盲色弱人士使用。同时为了照顾到视力不好的人群，还将页面内文字的字号加大，便于这类用户阅读。

❷ 主视图侧面的显著位置上标明有门诊时间、休诊信息、交通路线等用户最需要的信息和链接。

❸ 页面中间位置根据用户使用目的的不同，分别设置了不同类别的链接图标，包括通知、面向患者、面向医疗机构、面向求职人士等类别。

门诊时间通过日历表格的形式，用"○、△、×"的符号标记在相应的日期上。

为了让视力障碍人士也能顺利使用主页，页面中加入了语音朗读功能。

当使用智能手机打开计算机端的网页时，页面上会出现"移动端用户请点击这里"的提示，让智能手机用户也能方便使用。

※针对网页展开的无障碍设计或通用设计理念。

90

② 使用图标让页面内容易于理解

图标能够跨越年龄、国籍等障碍，用户直接理解其所表的含义。

"医疗法人社团光仁会 梶川病院" 的网页中使用了 "Font Awesome" 网页字体，将图标与全局导航的链接及宣传语连接起来。

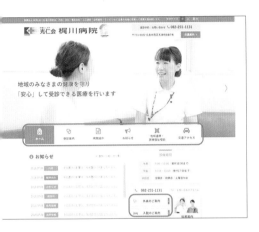

R017 G124 B183	R003 G081 B121	R255 G255 B255
R237 G118 B126	R054 G155 B104	R177 G213 B231

③ 用手绘插画表现亲切和谐的氛围

"西尾牙科、儿童牙科医院" 的首页上布置有一个微笑表情的插图，意在展现和蔼可亲的形象，缓解儿童患者对于就诊的恐惧感。网页的整体配色也采用暖色系颜色。

R215 G065 B132	R223 G105 B158	R054 G061 B098
R141 G198 B102	R228 G226 B223	R255 G255 B255

④ 面向求职人士的设计

"山崎医院" 的首页上布置有刚出生的婴儿照片，以及专业医师、员工的介绍区域。

在员工详情介绍的页面中，各个医师会将写给用户的信息发布出来，医院每天的信息也会通过站内博客发表出来，使用户和医务人员紧密联系起来。

R233 G214 B213

R228 G241 B239

R231 G223 B168

R134 G104 B039

⑤ 将用户所需要的信息整合在一起

在 "大分健生病院" 首页上部的显著位置，将咨询电话、医院地址、地图、门诊时间、门诊科目等患者最需要的信息集中在一起，让用户一眼就能找到所需的内容。

━ POINT ━

由医院方面所发布的 "招聘信息" 被制作成图标按钮的样式，布置在页面的左侧。

⓪③ 流行时尚类网站的网页设计

流行时尚类网站的网页设计特点

流行时尚网页面向的是对流行趋势感知敏锐的用户及同行业人士，或者是做市场调研的相关人士。

特别是品牌网站的主页，为了充分展示出品牌的理念，网页的版式、配色、字体的选用都需要进行精心的设计。

如果是以照片为主体的版式布局，通常会采用单色配色的背景，这类页面的照片中所展示的不仅有宣传产品，而且身着相应产品的模特也会一同出现在画面中。

也可以通过对自身品牌的介绍和在线销售两个方面，让网页表现出更丰富的特色。

❶ 配色

R255 G255 B255	R242 G242 B242	R227 G222 B220
R153 G153 B153	R090 G090 B090	R004 G000 B000

❷ 素材

❸ 该行业网站可参考的版式

P.128 组合专栏型版式
P.130 全屏型版式

⓪① 用照片和字体展现品牌理念

设计时尚品牌企业的网页时，如何将品牌的理念、主题在第一时间展示给用户是设计时最优先要考虑的，而照片则最适合展示这一要素。

❶ "Natan" 的主页是由浅驼色的线条装饰、展现产品理念的模特幻灯片，以及四周白色的宽幅边框所构成。

❷ 主视图下方布置的照片按照网格布局进行布置，中间还搭配了动态图像。

❸ 当用户向下卷屏后，相应的说明文字就会显示出来，这些文字使用的是 Freighr Big Pro 字体，字距和行距都设置得比较宽裕，以展现出优雅的设计风格。

点击 "NEWS" 后，打开的页面中并没有 "准备回顾" 之类的功能，而是在单击页面下方的 "+" 图标后，历史内容就会依次加载到页面中。

图文布局根据传统纸媒的版式设计，通过明暗对比的方式，让页面内容显得丰富而生动。

次级页面下部显示了官方在 Instagram (照片墙) 中投稿的摄影作品，展示了品牌的产品设计理念。

02 照片和动态图像的搭配展示

在网页中布置动态图像，将多个场景展现给用户，可以使用户更为直观地对产品进行了解。

在"Armando Cabral"的主页中，从首页中进入"About"页面后，用户可以从照片、动态图像等内容中了解到品牌的特色。

不少时尚产品的网站都会使用动态图像作为展示方法。

03 不同款式的搭配展示

除了展示单个的产品外，如果将不同款式的搭配展示出来，就可以在网页中同时对多个产品进行宣传。

"Bouguessa"的首页和网店的页面都会展示不同款式产品的搭配示例。当用户点开相应产品的链接，就会进入介绍该产品的具体页面中，方便了解产品的尺寸等各项信息。

R238 G234 B233　R000 G000 B000　R204 G204 B204

04 通过社交媒体进行宣传

对于流行趋势敏感的用户群体会经常使用社交媒体，开发这个领域的市场也是十分重要的。

"Instagram"或"Pinterest"之类的社交媒体是偏向女性用户喜好而建立的社交媒体。据说Instagram的用户中有90%都在35岁以下。

"DIESEL"的品牌从Facebook和Twitter开始，利用各式各样的社交媒体对自身进行宣传。

R008 G003 B004

R090 G090 B092

R210 G099 B081

R225 G255 B255

各种社交媒体的
链接图

05 与电商网站进行联动

流行时尚网站可以是品牌官网、电商网站等各自独立的形式，也可以在品牌官网中导入电商网站的链接。

"FREE PEOPLE"就是采用了第二种形式，在展示大量品牌特征的照片的同时，将直营网站的链接也挂在了页面中。

R186 G187 B192　R244 G239 B237　R255 G255 B255

PART3
04 美容、美发类网站的网页设计

美容、美发类网站的网页设计特点

美容、美发类网站的设计重点是，需要同时照顾到新客户和老客户的使用。

对于新客户来讲，照片、视频可以帮助其了解店内环境，通过页面中各项说明了解服务的具体项目、费用、从业者的经历和成绩、媒体宣传等方面的内容。这些都需要体现在页面设计中。

而疑问解答、可预约的时间、预约形式、店内博客等信息也要第一时间展示给老客户。同时向其推荐促销信息，吸引客户再度到访。

1 素材

久保田凉子
从事美容师职业 15 年
让顾客拥有更多笑容！

Q：取消预约会产生费用吗？
A：不会产生费用，如需取消请尽快与工作人员沟通。

STEP1 → STEP2 → STEP3

20%OFF CAMPAIGN

在线预约

💬 客户的声音
　　S.K 女士 30 多岁
第一次美容，有点忐忑呢。
请细心一点。

2 该行业网站可参考的版式

P.128 组合专栏型版式
P.130 全屏型版式

01 通过照片或视频来展示实例

"美发沙龙DaB" 的主页在展示相关信息时，同时照顾到新老用户的使用，在设计阶段就将相关要素融入方案中。

1 首页上部通过视频和照片展示有沙龙的季节主题。

由于带有显著的季节变化，这些应季的信息会带给老客户持续不断的新鲜感。

2 在 "NEWS" 栏目中，将杂志封面作为展示主体，向新客户展现出最佳品牌形象。

3 单击左侧导航栏下方的"ONLINE RESERVATION"按钮可以进行美容美发服务的预约。

首页下部通过幻灯片的方式展示了6类当前最新的流行款式。

展示了面向新老用户的产品预约优惠活动。预约系统是从 "Reservia (专为美容美发网站提供预约服务的电子商务网站)" 中导入的。

由于社交媒体中女性用户非常多，网站通过Instagram向关心时尚发展趋势的客户群体发送最新的时尚流行信息。

02 引入在线预约功能

在线预约功能可以让店家在非营业时间也不会错过潜在的客户。

"美甲沙龙Annabel Lee"的主页右上角位置布置了"在线预约"按钮，通过该功能，用户可以预约到不同店面的服务。除了预约功能外，yoyakul.jp的网络服务、WordPress插件、疑问解答等功能也被布置在网页中。

03 展示实例让客户感受到可靠感

通过实例展示来增加用户对自己的信赖感，对于经营全身美容、整形、脱毛沙龙的从业者来说尤为重要。

"专业脱毛沙龙【YES】"的首页上用显著文字标明"索赔解约为0"的字样，常见问题和用户评价也展示在页面中，以增加新用户的安心感。

04 突出展示疑问解答和交通路线

一些在移动端浏览美容美发相关信息的用户，可能会直接通过电话向相关店家咨询服务或店铺地址。

"HUG Natural Style美容师"的主页上设置了咨询解答、店铺地址的链接，分别布置在页面中部和页脚两处，以增加识别度。

05 在页面中介绍员工及其出勤日期

将员工的照片或寄语展示在网页中，能够提高店家的亲和力。公开展示的经历、成绩也有助于提高店家在技术性和可靠性方面的形象。

"TREE美容室"的主页上开辟了一块介绍店内员工的区域，展示了面带微笑的员工照片，而每名员工的详情页面中，则列出了其姓名、照片及出勤日期。

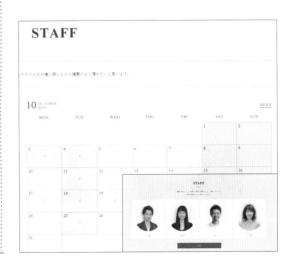

05 艺术节、展览类网站的网页设计

艺术节、展览类网站的网页设计特点

对于艺术节、展览主题的网页设计来讲，如何简单明了地展示出活动简介、参加方法，让用户产生跃跃欲试的冲动，是设计中的重点。

活动举办前，通过社交媒体等渠道来宣传企划内容及参与活动的嘉宾信息。到了活动期间，还要及时列出交通信息和现场效果。活动结束后的报告总结也要登载到网页上。这三个阶段对于这类网站的设计都是很重要的内容。

实际进行设计时，通常是通过打造出魅力十足的视觉效果来吸引用户的。

❶ 素材

  f BUY TICKET   〒252-0186
神奈川县相模原市

2016.11.3 THU **4** FRI   Q 是否有停车场？
AT TOKYO BAYPARK   A 为客户预备了专用的停车场

8/13 SAT.	工坊第 1 天
10:00-	
11:00-	工坊视频

距离开幕还有 **23** 天

【乘坐轻轨来访的客人】
从 JR 中央线藤野站下车步行 10 分钟

❷ 该行业网站可参考的版式

P.124 单专栏型版式

P.128 组合专栏型版式

01 以图像展示为主体，展现活动的魅力

"道路深处的艺术节 山形2016隔年展" 的主页采用和纸媒类似的网格化版式布局，将照片作为展示主体，给人以热闹快乐的印象。

❶ 页面四边用毛笔写着 "山峦在诉说" 的书法字样，大幅的毛笔书法给人以强烈的视觉冲击力。

❷ 文字介绍使用的是网页字体中的 "TB 黑体 SL" 体，版式采用横排竖排相结合的方式。

❸ 各栏目之间用横线和空白进行区分，尽管页面中内容繁多，却不会给人杂乱无章的感觉。

在各大社交媒体上发布相关宣传，提高活动的知名度。

当用户卷屏时，右侧就会显示出收集用户经历的蝙蝠图案，单击蝙蝠就会打开相应的链接。

报道的内容会在跳出的窗口中显示，窗口的尺寸大小适中，还在右上角设计了 "×" 的图标，方便用户关闭窗口。

02 简单明了的活动日期和时刻表

　　"HOT FIELD 2016" 的首页上布置了演出会场的现场照片作为主视图，并用大号文字将演出的举办时间标示出来。

　　时刻表和演员信息直接登载在首页上，省去了用户进入次级页面所花费的时间，让用户能够第一时间获取最需要的信息。

03 向用户告知活动期间的交通状况

　　公开活动一般分为活动的前期、中期、后期3个阶段，用户所需要了解的信息也会随着这3个阶段而产生变化。在 "2016濑户内国际艺术节" 的主页上，主视图的右下角布置了 "拥堵、运行、闭馆信息" 及 "NEWS" 栏目，以向用户展示相关信息。

　　同时页面中还设置有 "距离闭幕还有X天" 的倒计时牌，借以活跃艺术节的气氛。

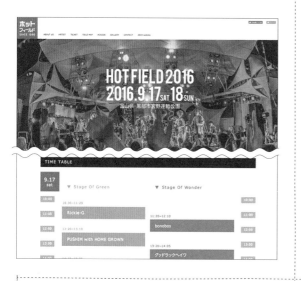

04 全面周到的注意事项和常见问题解答

　　在 "2016与夜空交互的森林电影节" 的主页里，活动的注意事项页面对 "关于停车场" 和 "雨天、风暴天的情况" 分别做了细致的说明。

　　网页还针对首次参加的用户，以图解的形式介绍了所需携带的用品、服装，并通过常见问题解答让用户更加安心。

　　当这些事前准备的内容齐备后，就可以减少不必要的人工解答及现场出现的各种问题。

05 展示活动结束后的报告总结

　　"2016苹果音乐节" 结束后，在其主页上用醒目的白色字样打出了 "Thank you, everyone！！！" 的标语，并将其布置在主视图上。

　　在活动报告上展示了大量官方拍摄的照片，表达了快乐的活动气氛，以吸引潜在的参加者。

06 音乐类网站的网页设计

音乐类网站的网页设计特点

音乐类的网站需要在设计上体现出音乐家的理念或其创作曲目的主题，同时还需要展示音乐家的简介、经历、演出信息及作品等内容。

通过定期在Twitter、Instagram等社交媒体上发布信息，缩小音乐家和听众之间的距离这也是常见的宣传手段。随着互联网的普及，在全世界范围内进行宣传展示也不是什么难事，只要通过类似YouTube、SoundCloud的网站，不断发送宣传作品即可。

❶ 素材

REBIRTH
2014.4.10
release
2,000 yen

11/4 FRI. 风琴座
OPEN 18:30/
START19:30

❷ 该行业网站可参考的版式

P.124 单专栏型版式
P.134 自由型版式

01 使用第三方在线服务来传播音乐作品

如果想在网页中置入音乐或视频，可以通过第三方在线服务的程序对作品进行展示。"Nao Yoshioka THE TRUTH"采用了如下方式。

❶ 在页眉部分展示唱片集的图标，单击相应图标就能打开该唱片集位于SoundCloud的程序，并进行播放展示。

❷ 商标的背景采用黑白风格的照片和使用录音时的视频截图。

❸ CONCEPT之类的英文字样所采用的字体使其看起来更具设计感。

POINT

如果在页面中置入多个视频，用户打开页面的时间就会大幅增加，这时应该以缩略图替代直接播放的视频，让用户单击缩略图后才会打开相应的视频链接。

单击图标后，SoundCloud程序中的音乐就会从上部展示出来。

通过YouTube和Vimeo将视频置入到页面中。

单击唱片集上音乐家的照片，就可以在窗口中展示出该音乐家详细的信息。

⓪② 使用大版面、具有视觉冲击力的照片

对于介绍音乐家的网页来说，定制功能对于照片的品质有着举足轻重的影响。

在"RAY OFFICIAL WEB SITE"的主页中，首页位置以幻灯片形式展示了大幅的演唱会现场照片。照片下方则是新推出的曲目的官方宣传片。

⓪③ 利用社交媒体缩小与粉丝之间的距离

通过社交媒体将音乐家每天的活动定时登载出来，除了可以拉近与已有粉丝之间的距离，还能获得增加新粉丝的机会。

在"周二的campanella"的主页中，页眉部分公开了官方社交媒体账号，而简历页面中展示的是通过Instagram登载的大幅照片。

⓪④ 在页面中布置视频网站的链接

"Miyake Kaori 三宅芳 –Official Site-"的主页采用了流行时尚风格的多彩配色，并针对PC用户和手机用户制作了不同样式的页面。

页面中除了个人简介、迪斯科画廊（音乐、视频等内容）外，将发布在Podcast等视频网站中的内容链接放置在网页的介绍区域中，同时上传至YouTube中的宣传视频也被展示在网页上。

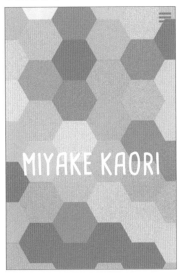

通过YouTube或Podcast等视频网站进行宣传。

⓪⑤ 通过视频宣传世界观

"ShuuKaRen"的主页采用了自适应网页设计，其首页上部以视频插件的形式，将MP4格式的视频展示出来。当用户从手机端访问网站时，该动画会以GIF格式进行播放，既保证了网站的动态效果，又将音乐家的理念表现了出来。与照片相比，视频可以进行丰富的剪接，演唱会的现场录像都可以通过视频展示出来。

07 动画、游戏类网站的网页设计

动画、游戏类网站的网页设计特点

动画、游戏类网站多采用带有强烈表现力的图像来展现作品的世界观。用于这类网站的素材大多是动态图像，并搭配有背景音乐或视频选段，以表现作品的精彩和充实。

在信息设计上，网页由作品介绍、角色介绍、制作团队介绍、周边销售、特别专栏等部分构成，将作品相关信息集合起来展现给用户。同时网站还会在年轻人喜欢的社交媒体上进行宣传。针对手机用户的设计也是这类网站的一大特征。

❶ 素材

插图. 佑元 SEIRA ©DCN.MACCOU/TWOFIVE

❷ 该行业网站可参考的版式

P.124 单专栏型版式
P.132 脱离网格型版式

◎1 通过音乐和动态图像表达作品的世界观

右图是动画片《冰上的尤里》的官方网站。网页通过视频和音乐等富有魅力的素材，展现出这是一部以花样滑冰为主题的作品。打开网页后，首先会播放出冰刀与冰面碰撞摩擦的声音，几秒后首页的画面才会显示出来。

❶ 首页画面显示出来后，网页会播放该片的背景音乐，就如同片头曲，将作品展示给用户。通过画面右上方的喇叭形图标可以关闭或打开背景音乐。

❷ 社交媒体信息、广播信息、正在播放的信息等被分别布置在主视图的上下位置。

❸ 作品标题下方展示的是片中角色正在滑冰的视频片段。

当用户向下卷屏时，画面中的专栏就会围绕中线进行旋转。

单击预告片的按钮，页面就会弹出预先上传到YouTube中的视频。

在手机版的页面中，各个专栏都被缩短。背景中采用的动态效果仍设置在手机版的页面中。

02　追求素材细节、体现质感的设计

在 "碧蓝幻想 The Animation" 的官方网站中，全局导航栏、图片、视频等栏目的周围，以及 Twitter 的窗口外，都装饰有透明的花纹。主视图的背景部分采用了带动态效果的云雾图像，以展现出作品宏大的场景。

© 动画片《碧蓝幻想》制作委员会〔项目组〕

03　第一次打开网页时会自动播放宣传视频

通过 Cookie 来判断用户是否是第一次访问网站，如果是初次访问，则会播放宣传视频。这种设计在动画或电影的官方网站上比较常见。

当用户第一次打开 "TRICKSTER- 来自江户川乱步 [少年侦探团]" 的官方网站时，网站就会通过 YouTube 的链接，为用户播放大约 2 分钟的宣传短片。

04　以 Twitter 为载体发布各类信息

虽然互联网上有 Twitter、Facebook、Instagram 等各式各样的社交媒体网站，但动画、游戏的主要受众还是集中在 10 岁 ~20 多岁的群体，因此这类网站会利用易于传播的 Twitter 作为主要信息发布平台。

在 "MARGINAL#4 从亲吻创造宇宙大爆炸" 的官方网站中，页面下方布置有 Twitter 的窗口及官方账号，方便用户关注。

Rejet/MARGINAL#4 FC

05　与游戏界面相似的设计布局

"幽灵行动 荒野" 官方网站的页面被设计成与游戏菜单界面相似的样式，这属于自由式版式设计的一种。

整体画面的背景中带有闪烁的图标，点击图标就可以通过事先放在 YouTube 上的视频展示对相应区域的说明。

PART3
⓪⑧ 职业资格类网站的网页设计

职业资格类网站的网页设计特点

职业资格类网站要通过配色、素材、照片、字体、授权等要素的组合，全面完整地向用户展示网站的可靠度。

这类网站多使用色调较暗且有稳重感的颜色，例如，蓝色就是一种适合表现信赖感与可靠性的颜色。

网页中的内容要给人以可靠的工作伙伴的感觉，一些对用户重要的信息也要布置在专栏中。将常见问题解答设置在页面的显要位置上，也能够吸引潜在的用户。

❶ 配色

R035 G024 B021　　R191 G191 B191　　R255 G255 B255
R035 G024 B021　　R146 G104 B050　　R000 G000 B000

❷ 素材

📞 03-1234-5678　　　　[🔲 免费咨询]

📍 〒163-8001
东京都新宿区 XXXXX00-00　　　法人请点击这里 ⊕ 个人请点击这里 ⊕

❸ 该行业网站可参考的版式

P.120 网格型版式
P.126 双专栏型版式

⓪① 稳重的蓝色易于产生信赖感

"税务法人 CROSSROAD" 的主页采用蓝色作为主色调，体现出坚实可靠的气氛。

❶ 页面的主视图使用的是办公室的室内照片和正在工作的职员照片，体现出职场的气氛。

❷ 内容提要简洁易懂，充分照顾了用户的需求，同时其下方的5个蓝色图标也是网页的设计特点所在。

❸ 业务详情的标题通过横线进行了分组。在字体的选用上，标题采用了气派威风的宋体类字体，而商标和内文部分则使用了更具亲和力的黑体类字体。

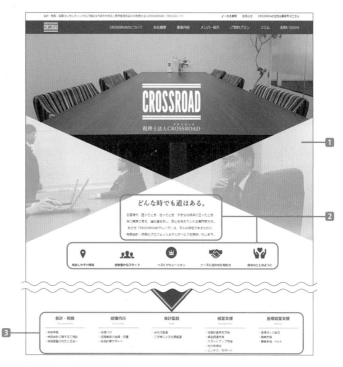

"关于修改消费税" "现金流通计算表" 等用户所需的信息都登载在相应的专栏中。

页脚部分标明了公司的地址、地图、联络方法，便于用户咨询。

在手机端页面中，PC 版页面中的内容被大幅精简，只留下了主视图和宣传语。

⓪② 展示带证件照的简历和成功案例

将带证件照的简历或成功案例展示在网页上，可以提高网站的信赖度。

"代官山综合法律服务所"的主页不仅用视频展示了公司内部的布局，还将业务介绍、在此就职的律师的个人简历，以及收费说明，分门别类地布置在相应的专栏中。

■ R067 G020 B015　■ R000 G000 B000　□ R236 G244 B234

⓪③ 宋体和深色调的配色体现沉稳成熟的氛围

黑色的深色配色能够表达出成熟稳重的气氛。

"土屋综合法律服务所"的主页将黑白照片与深色调的红色和蓝色搭配在一起。各个要素根据网格化进行布置，给人以稳重成熟的印象。

■ R078 G008 B012　■ R007 G042 B071　□ R191 G191 B191

⓪④ 将免费咨询布置在显要位置上

"竹下博贵税务服务所"的主页布置了一张街景照片，用这种奇妙的取景作为网站的营销特征，吸引用户的注意。

在手机版页面上，免费咨询的项目被摆放在显要位置上，最大限度地迎合用户的需求。

■ R004 G060 B126

□ R045 G164 B192

□ R255 G255 B255

⓪⑤ 根据用户的不同目的对业务内容进行分类介绍

"言之叶税务服务所"的主页通过精心设计，将"个人用户""法人用户""税务查询用户"分成3个业务专栏，让用户一目了然。

页面下方展示有经营方的寄语和照片，以体现网站的可信赖性。

■ R000 G068 B146　□ R202 G214 B230　■ R043 G045 B052

09 学校、幼儿园类网站的网页设计

学校、幼儿园类网站的网页设计特点

学校、幼儿园类的网站会迎来潜在生源、在校生、毕业生及监护人等各种不同用户的访问。

这类网站所展示的内容通常会比较多，这就要求导航栏必须清晰明确，让用户可以迅速准确地找到所需的信息。

为了照顾到手机用户的访问，此类网站手机版的网页会将重要的信息都放在页面的上部。同时校内生活环境的照片、在校生的访谈、师资介绍等内容的展示，也会增强对潜在生源的吸引力。

❶ 素材

📞 03-1234-5678

日语 | ENGLISH | 汉语　　　在校生入口　　监护人入口

📢 应届生咨询页面　　　　📄 申请资料·咨询解答

📷 幼儿园工作人员用照片库（需要密码）

❷ 该行业网站可参考的版式

P.120 网格型版式
P.128 组合专栏型版式

❶1 根据用户的不同需求布置相应的链接

"星槎道都大学"的主页采用了响应式网页设计。

❶页眉位置设置有"在校生入口""监护人入口"的导航栏，针对不同的用户群体对网站内容进行了分类，让用户尽可能避开自己所不需要的信息。

❷在导航栏旁边设置有针对外国用户的英语和中文页面的链接入口，同时还布置了可以在网页内使用的谷歌定制检索功能。

❸在页面上部的显要区域中，布置了用于展示校内活动、通知的照片，刚更新的图像上还会带有"NEW"字样的图标，以体现页面内容的活跃性。

页面左上角的显要位置上布置有申请资料和申请公开课的链接。

页面上展示出来的对在校生、毕业生的访谈内容，以及教授、讲师的寄语，让用户能够直观地感受到校内师生的风采。

不同专业学科的介绍使用了蓝色、红色、黄色、绿色的色块进行了明确的区分。

02 通过孩子们的照片展示幼儿园的真实状态

　　"森之风幼儿园"的首页上展示了很多园内儿童的生活照。设计师刻意避开现成的素材照片，而将园内生活照真实地展现出来，可以增加用户对于园方的信赖感。

— POINT —

　　有些情况下，设计中无法使用相关儿童的照片，这时可以用插画进行替代。

04 将重要信息展示在手机页面的顶部区域

　　"大正大学"的主页根据手机用户的需要，将应届考生咨询的链接和申请校方资料的链接布置在页面上部的显要位置。这是一种根据信息的重要性，在首页上依次展示相关内容的设计方式。另外，扁平化设计也是非常适合与响应式网页相互搭配的。

R209 G105 B125

R067 G054 B092

R008 G003 B004

R228 G228 B226

R135 G034 B040

03 用插图表现园内的作息安排

　　很多幼儿园的网站都会将每天的作息安排展示在主页上。

　　在"社会福祉法人富士会 富士托儿所"的主页上，采用插画的方式，分别展示了3岁儿童和未满3岁儿童在托儿所内每天的生活安排。同时页面中还提供了幼儿园每年的例行活动预定表和照片报告。

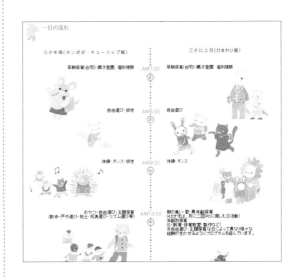

05 新闻、校内活动信息被布置在首页的显要位置上

　　实时发布校内信息，可以向用户展现出学校充满活力的状态。

　　"神户女子大学"主页的全局导航下方设置了4组正方形图框和相应的文字框，用来发布最新的通知和信息。其下方以文字的形式公布了学校的重要通知和活动预定表。

10 艺术类网站的网页设计

艺术类网站的网页设计特点

设计师、摄影师、影视作家等都会通过艺术类网站来展示自己的作品和经历，因此这类网站大都会由大量照片影像构成，体现出华丽的视觉效果。

页面内容上，从个人简历、作品简介、咨询解答、个人博客，到Instagram之类的社交媒体链接，都是此类网站常见的内容。通过一些程序赋予页面动态效果，将想要展现的重点设计得更有魅力。当然也不要忘记明示著作权。

❶ 素材

Name

E-mail

送信

RYOKO KUBOTA
1982 生于广岛
2005 从数字好莱坞大学毕业

❷ 该行业网站可参考的版式

P.122 卡片、瓷砖型版式
P.124 单专栏型版式

01 展现照片、视频的魅力

如何从视觉上表现出作品的魅力，对于艺术类网站的设计来讲非常重要。

❶ "小林大辅照片工作室" 的主页背景采用了循环播放的黑白有声视频。视频中风景和人物被剪切在一起，让工作室员工的人物性格和工作内容有了具象化的表现。

❷ 商标、标题、链接都使用了半透明的蓝色文字，体现出新颖时尚的印象。而蓝色在整幅画面中也起到了重点色的作用。

❸ 在 "WORKS" 的区域中，设计师特意留出些许空白，然后将展示用的照片布置在空白周围。

由于页面的基调色为黑白色，在此基础上彩色照片就会显得十分鲜艳，让作品的魅力更加突出。

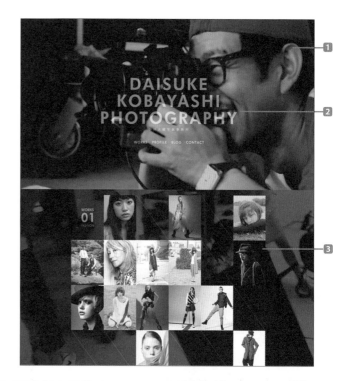

点击照片时，画面就会显示出大尺寸的照片，而通过画面右上角的图标就可以直接切换浏览其他照片。

摄影师简介布置在了首页的下部，卷屏下拉后就可以显示出摄影师的完整肖像。

首页底部滚动播放着网站日志更新的日期和标题。将鼠标光标停留在任意标题上时，该标题下会有底色将其衬托出来。

⓪② 依次布置的作品图像也分别展示了相应作品的理念

"Jon Contino"的主页上布置了大量创作图像，给人以热闹华丽的印象。每一张图像上都展示了该作品的设计理念，单击图像就能浏览作品的详细内容。

当需要强调图像与艺术网站的"WORKS"页面的搭配性时，就可以采用上述表现方式。

POINT

通过jQuery驱动的"Masonry"插件能够实现点击分类名称进行排序，以及让画面全屏显示的操作。

⓪③ 设计与技术的融合让页面产生魅力

田渊将吾从事着艺术指导、网页设计、前端工程师等工作，艺术网站"S5-Style"正是展示其作品的网站。进入主页后，单击或将鼠标光标停留在任意动态图像上，就会触发相应音效。而当用户单击图像后，由设计和技术产生的艺术魅力将展现在眼前。

⓪④ 展现故事性

印度设计师、地产开发商GOPAL RAJU的个人艺术网站在制作时没有使用JavaScript，而是通过HTML 5和CSS 3来实现层次效果。

单击主页下方的导航栏后，画面会横向滚动至相应的项目上，背景图案也会随着移动。当用户依次单击完导航栏中的每一项时，背景中的图案也演绎了一个完整的故事。

⓪⑤ 展示全屏背景图像

在"摄影师黑岩正和"的艺术网站中，用户会看到布置在首页中带有渐变幻灯特效的全屏背景图像。

页面中的导航栏和商标文字都采用了简约的文字设计，以便最大程度对背景中的摄影作品进行强调。

PART3
11 新闻、门户类网站的网页设计

新闻、门户类网站的网页设计特点

新闻、门户类网站需要每天更新各种报道信息，此类网站大多采用能够同时展现大量信息的双专栏、三专栏型版式。由于页面内文字量大，新刊登出来的报道不仅需要用醒目的标题来强调，每一条报道之间还需要留有足够的空白、行距，以区分不同的信息。

页面中设置的社交媒体接口，便于客户分享信息。在手机版的页面中，每篇报道后面会有关联的报道和推荐报道的显示，这样可以引导用户继续浏览站内其他页面，增强网站对用户的黏性。

❶ 配色
- R255 G255 B255
- R242 G242 B237
- R153 G153 B153
- R040 G088 B167
- R216 G051 B052
- R004 G000 B000

❷ 素材

Written by
久保田凉子

2016.10.25　COLUMN　♥ 15

❸ 该行业网站可参考的版式
P.120 网格型版式
P.128 组合专栏型版式

---

01 卡片型版式便于信息分类，还能提高信息的可读性

想要提高各类报道的可读性时，卡片型版式布局是比较理想的选择。"AFRO FUKUOKA [ONLINE]"的主页采用了如下几种方式。

1 主视图由8个正方形和长方形的图框构成，需要突出强调的报道被布置在左上位置的大尺寸图框中。相比幻灯片式的展示方法，这种做法可以一次性展示出更多的信息内容，从而引起用户对相应报道的兴趣。

2 最新报道区域采用浅色背景衬底，上面则是白底的卡片型布局的各项新闻报道。不同时间更新的报道里还会配上相应的"NEW"图标和主题图像，同时还用颜色对不同类型的报道进行区分。报道的右下角还附上了撰稿人的头像。

3 社交媒体的分享次数用心形图标记数。

全局导航栏采用不同的颜色对不同的项目进行区分，每条报道中的分类颜色也会与相应导航栏的颜色保持一致。

每条报道的右侧会展示撰稿人的简历，并布置有社交媒体的分享按钮。

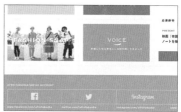

页脚部分的横幅广告被白色的细线分开，同时留有充足的空白，使之具有清晰简洁的阅读效果。

⓪2 加大标题的字号

在包含各种信息的新闻类网站中，标题字号与正文字号的大小和比例影响着报道能否吸引网民产生足够的点击量。搭配合适的字号不仅提高了文章的可读性，对于用户来说，也能够快速获得所需的信息。

在"Newsweek"的主页里，页眉部分使用大字号标题，让标题与正文字号有着鲜明的对比。

⓪3 设置社交媒体链接，方便用户分享

为了让新闻报道能够被更多的用户阅览，鼓励用户在社交媒体上进行分享是一种有效提高阅览量的手段。例如，在报道中加入"Twitter""Facebook""LINE""华丽书签""Pocket"等社交媒体的接口。很多新闻类网站尤其会将"Twitter"和"Facebook"作为分享接口的首选。

在"100 Tokyo"的主页里，每条报道的右下方位置上都布置有4种常见社交媒体的接口。

⓪4 丰富页脚内容，引导用户浏览其他内容

在画面范围有限的手机页面中，想要在首页上展示多篇报道是比较困难的，这就需要在页脚部分多动些心思。"MEETIA"的主页会在每篇报道的最后位置加入上一篇报道和下一篇报道的链接。同时还会展示出推荐的新闻、热门新闻等链接，尽可能吸引用户多阅读站内信息。

⓪5 对热门报道进行排名

将头条新闻或最新报道布置在页面上部，可以让用户在打开页面时总能看到不同的信息，以增加用户的新鲜感。

在"voice cream 奈良"的主页中，以"最新热门报道"的排名方式展示4条热门新闻，并配有照片和相应的标题。

12 电子商务类网站的网页设计

电子商务类网站的网页设计特点

对于电子商务网站来讲，购物体验是否便捷、商品展示是否明确、能否有效激发用户的购买欲，这些要素是网页设计中的重点所在。

在购物体验是否便捷这点上，可以通过可视性优秀的版式布局或能够直观展示出内容的图标来体现。高品质照片、优惠券、排行榜、推荐商品的目录等项目的使用，以及热门商品特辑页面的设立，都可以激发用户的购买欲望。同时为了提高信誉度，运营商的各项信息、常见问题、特定商品的交易方法、人工服务等内容也要设置在页面中。

❶ 素材

❷ 该行业网站可参考的版式

P.120 网格型版式
P.128 组合专栏型版式

01 介绍商品的背景和使用方法

1 在 "FOOD&COMPANY ONLINE" 的主页中，根据不同类型的商品，对其生产过程进行介绍。通过商品介绍来表明该商品的优势，不仅充实了内容，同时也能引起用户的共鸣。

2 在页面左上方的显要位置上布置了 "初次访问用户" 的选项，该功能可以帮助初次使用网站的用户熟悉站内功能，提高用户对网站的信赖感。

3 各个商品下方设置了关注按钮，用户可以将心仪的商品收藏、关注，便于日后再次查找。该功能对于商品种类繁多的电子商务网站来讲尤其重要。

POINT

所用平台：WordPress×WooCommerse

在文章中插入照片，对商品的生产过程进行细致的介绍。

特辑类的文章会在文章末尾加入 "文中出现的商品" 链接，以吸引用户购买。

首页中会以排行榜的方式展示最热门的5款商品。

02 用促销活动吸引用户购买

当用户打开 "&LOCKERS" 的网页时，页面中就会展示出限期优惠的活动通知。优惠活动或优惠券的发放不仅能够提高用户的购买欲，也更容易吸引到新用户前来注册。

针对用户生日的优惠券发放活动，能够有效引导用户再次购物。

03 为用户提供根据使用目的进行检索的功能

根据用户需求设置的检索功能，能够方便用户归纳出特定类别的商品。

在 "Protest Sportswear" 的主页中，用户可以根据 SHOP MEN、SHOP WOMEN、SHOP KIDS 三种类型进行相应商品的检索。

04 以照片为主，将产品信息精简到最小的程度

VOUS ETES 在突出时装类商品的特色优势时颇具效果。

在通过 "STORES.jp" 的服务建立的电商网站 VOUS ETES 的主页上面，布置了大量高亮度照片，并与相应的图标一起，通过简约的设计风格将商品展现给用户。

POINT
所用平台：STORES.jp

专栏

电子商务网站与平台

要建立电子商务网站，可以通过平台运营商提供的出租服务，或者将电商功能接入自己的服务器，这两种不同的方法来实现。这里介绍的是几个比较有代表性的电商服务平台。

◉ 电商租赁服务

● BASE
免费服务凭条。可以拥有独立的空间。

● Colour mi shop
月租费900日元（约人民币53.7元）。提供丰富的功能和模板。

◉ 将电商功能接入自己的服务器

● EC-CUBE
免费的开源代码凭条。支持响应式网页设计功能。

● Welcart
在WordPress中导入电商功能的免费插件。

PART3
13 企业类网站的网页设计

企业类网站的网页设计特点

企业类网站需要在展示自身优势和服务项目的同时，还能让用户感到贴心。

例如，针对新用户常会遇到的问题设置常见问题的解答、委托流程的提示、制作独立的页面以向特定用户展示更多的信息等做法，都可以有效提高客户对于网站的信赖感。很多企业为了能让最新信息迅速更新到网站中，都会选择使用便于更新操作的平台，并由专人负责更新。

❶ 配色

R038 G140 B197	R020 G078 B148	R041 G153 B196
R182 G031 B034	R102 G102 B102	R204 G204 B204

❷ 素材

📞 03-1234-5678　　STEP1 ▸ STEP2 ▸ STEP3

▸ 隐私保护　　　　　　　▸ 求职信息

❸ 该行业网站可参考的版式

P.120 网格型版式
P.126 双专栏型版式

⓪① 在首页明确展示企业理念和服务项目

让首次访问网站的用户能够快速了解企业的特征和业务内容，这是企业类网页的设计重点。

❶ 在 "ITOKI股份公司" 主页的全局导航栏中，针对不同的用户设置了 "医疗单位" "教育单位" 的分类选项，并以不同颜色作为区分。这样的设计是为了让来访用户能够尽快查找到自己所需的信息。

❷ 在主视图的设计上，在表现企业理念的同时，以幻灯片的方式展示了公司内部照片，以及在轻松环境下工作的员工们的照片。

❸ 页面采用了具有稳重、安定印象的网格型版式布局。宽大的链接区域，让信息简洁明了，减少了用户查找的麻烦。

主视图下方布置了搜索链接，用户可以根据不同的类别进行信息检索。

企业的最新信息、重要通知、信息检索都被清晰明确地展示出来。

在手机版的页面中，经过精心设计后的分类检索的按钮设置在页面的右上角，只需用手指点一下，就能方便地展开相应的功能。

02 展示职员仪表与职场环境的视频

企业网页的颜色是由其员工特征和职场环境所决定的。在"日宣股份公司"的主页里，通过布置在主视图位置的视频来展示员工和公司的工作环境。

在精心拍摄的视频中，展示了公司员工正在以微笑、充满自信的状态参加会议，同时还播放了公司外观景象。将活力、真实的职场环境展现给用户。

在布置企业网站的照片时，也少不了员工们的身影。

■ R038 G140 B197	■ R222 G229 B235	□ R255 G255 B255

03 刊登获奖经历、交易地点、登录方式，以提高网站的可信赖度

在从事网页、APP设计业务的 "Branding und Digitale Designagetur aus Köln" 公司的网站中，其首页下部展示了该公司获得过的3个奖项的标志。相比文字的描述，这样的设计可以让用户更快捷直观地了解到相关信息。

此外还可以在页面中展示成功案例，让用户获得直观有效的信息。

■ R231G052 B084	■ R006 G047 B055	■ R000 G000 B000

04 将招聘页面作为一个独立的网站

在不少企业中，当员工被录用后，员工登录的页面就会变为 "从20XX年开始录用" 的形式，从而使员工页面从官网中独立出来。

在 "年轻生活" 的主页中，通过子域的方式制作出招聘网站，并在其中登载各类录用信息。网页中的 "ENTRY" 按钮被布置在页面右上角的显要位置上。

■ R180 G202 B105
■ R067 G062 B135
■ R193 G194 B221

05 清晰简明的咨询窗口和各功能窗口

在访问企业网站的用户中，很多人都是想要获得关于企业提供的服务或产品信息。

在 "TechM@trix股份公司" 的主页中，页眉的右上方位置设有 "咨询" 按钮，单击打开该页面后，用户可以看到每一类问题都有相应的部门负责解答，页面中还提供了这些部门的电话、电子邮件等联系方式。

■ R232 G194 B042	■ R008 G003 B004	□ R255 G255 B255

PART3
14 体育健身类网站的网页设计

体育健身类网站的网页设计特点

搏击、健身运动类的网站在设计上要求能给人以健康快乐的印象，这就需要清晰明快的配色并搭配相应的照片。另外，如果是类似普拉提的面向女性用户的网站，还需要让页面具有柔和优雅的配色。

为了吸引用户，促销活动、免费体验申请之类的项目要设置在页面中的显要位置上，让更多初次到访的用户能够迅速关注。对于已经开始参加课程的用户，带有课程预约功能的日历等项目也是此类网页必要的设计。

❶ 配色

R187 G029 B040　　　R232 G208 B073　　　R216 G084 B039

R118 G117 B086　　　R200 G198 B225　　　R221 G219 B208

❷ 素材

☎ 03-1234-5678　　　📢 申请体验课程

免费入会活动　　　📖 预约会员课程

❸ 该行业网站可参考的版式

P.120 网格型版式
P.130 全屏型版式

01 促销活动能够吸引更多用户参与报名学习

通常，想要加入搏击俱乐部的用户，都是出于维护自身健康、提高体能的目的才会参与。通过在页面上展示模特的照片，让用户能够对未来有一个美好的憧憬，可以有效吸引用户的加入。

❶ 在"b-monster拳击健身俱乐部"的主页中，主视图位置展示了加入俱乐部后的各种（与运动类相关的）数值和照片，同时在左侧发布了入会免费的促销信息。

❷ 通过特写照片和艺术字的组合，来展示发布的新闻和促销信息。

❸ 页面下部设置了与全局导航栏相同的链接按钮。打开链接能够查看俱乐部内部景象或教练的照片。

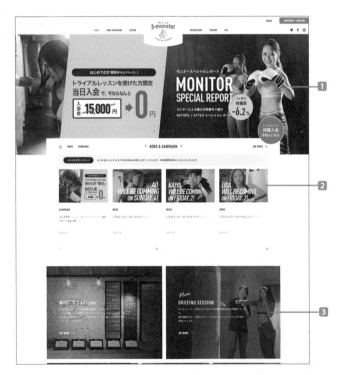

通过YouTube的链接视频，展示俱乐部会员们训练的场景。

为照顾初次访问网站的用户，以简单明了的方式罗列了入会登录的9个步骤，增加了用户的信赖感。

在独立页面中，通过直观的图片，展示了模特通过1个月的课程训练后身材的变化。

⓪② 用简单明了的方式展示成功案例，以增加用户的信赖度

"个人健身俱乐部K"的主页采用大字号的文字，让用户能够快速直观地了解网站的信息。

页面上部登出了全国减肥健身热门排行榜排名第一的纪念章，增强了网站的信赖度。在页面布置的照片中，展示了健身房内充满活力的运动者们的身姿。

■ R220 G084 B024	■ R126 G035 B042	R197 G191 B159

⓪③ 展示用户的声音

健身类网站中需要介绍所能够提供的服务，此外，如果展示一些用户的体验经历，就能引起用户共鸣。

位于新加坡的瑜伽健身学校"瑜伽俱乐部"的主页上，登载了用户所撰写的上课体验和感想。

■ R197 G180 B126	■ R206 G079 B024	■ R069 G094 B051

⓪④ 针对初学者设置的专题页面减轻了用户的不安

"专为产妇开设的健身教室"的主页中，作为主题色的黄色让网站给人以健康快乐的印象。导航栏的第一个项目是"写给初学者的话"，单击后可以查阅到详细的课程介绍及常见问题的解答。网站提供的免费体验课程也有助于提高网站信赖度。

■ R245 G214 B053	R238 G238 B238	□ R255 G255 B255

⓪⑤ 设置会员专用的预约功能

在"AGNIYOGA"主页的右上角上设置有会员专用的课程预约选项，单击该选项后，页面会跳转到专门的预约页面中，用户登录后就可以开始课程的预约。

在线预约的特点是24小时都可以进行预约。通过灵活运用网站功能，在运营方面不仅考虑到了新用户的需求，同时也不会疏忽对现有用户的考虑。

15 引导页的网页设计

引导页的网页设计特点

引导页是指在1个竖长形页面中介绍商品或服务的页面。引导页可以显示用户通过关键字搜索出来的结果, 是网页中的重要组成部分。

单专栏型版式可以提高被集中起来的大量信息的可读性, 页面内登载的信息多为根据用户需求所显示出来的内容。如果需要制作一个无须更新的页面, 可以将需要介绍的内容以图像的形式布置在页面中, 而图像的内容设计可以采用类似传统纸媒的版式布局。

❶ 素材

📞 **03-1234-5678**

申请免费咨询

💬 客人的心声
S.K 女士 30 多岁
因为是第一次, 所以有些不安, 请细心一些。

❷ 该行业网站可参考的版式

P.124 单专栏型版式
P.134 自由型版式

ⓞ1 主视图中要布置的具有吸引力的要素

大约一半的网站用户都会因为网页所展示的内容与自己的目的不一致而离开该页面。

引导页的作用就是, 在1个页面中将所有信息汇集起来, 按照与用户检索的关键词的一致程度进行展示。

❶ 在 "mogans" 的主页中, 主视图位置展示的是产品的照片和宣传语, 并将口碑排名第一的标记展示在显要位置, 以提高页面的吸引力。

❷ 在主视图下方, 以居中的版式和简洁的语言展示了产品的文字说明。

❸ 在 " 3个动态 " 的标题下面, 用简练的语言列举出了对于用户有益的信息。

向用户明示了产品的使用注意事项后, 就可以针对产品的特色展示其优点。

用户的体验附带了用户的照片和姓名, 以提高产品或服务的可信性。

排行榜的标记或名人使用经历能够进一步提高产品的信赖度, 增加用户的安心感。

02 用视差效果和动态图像的组合，让内容具有连贯性

在实用APP "famous" 的引导页中，当用户卷屏时，页面内容就会以动态图像和视差的形式，让用户像阅读故事一样进行连贯的浏览。

同时页面中用动态图像展示了该APP的启动画面、画面转移的实际效果演示，让用户能够对APP的实际使用效果有直观的了解。

03 让导航栏跟随屏幕移动

如果需要在引导页中吸引用户申请资料、登录会员或进行业务咨询，就需要让相关功能反复出现在页面中，或者使用鲜明的图标进行强调。

在 "晴天的日子" 主页中，业务咨询和婚庆沙龙的介绍功能导航栏会跟随屏幕移动，让用户随时进入相应的功能中。

04 能够吸引用户一直浏览到页面下部的构图

竖排构图的引导页能够让用户在不厌烦的情况下，一口气浏览完整个页面。

在 "Cordial" 的主页中，各项服务信息被布置在不同颜色、不同形状的色块中，用户会随着色块的形状进行阅读，最终被引导至业务咨询的版块中。

专栏

提供引导页参考的网站

引导页通常会根据行业、网站用途的不同，进行相应的版式、文字设计。

在名为 "引导页大集合" 的网站中，将不同行业、配色、时期的引导页制作成排行榜，并提供了检索功能。用户可以通过该网站展示的引导页，获得页面设计的灵感。

将使用目的与网页设计结合起来的方法

例如,要重新设计一个主打绿色自然理念的咖啡店的主页,页面中的各个要素应该如何搭配呢?

---

1. 获取意见   通过问卷调查了解用户的需求与网站的现状,并对采集来的数据进行分析

- **网站的目的是?**
  吸引新的用户
- **目标群体是?**
  以 20 岁到 40 岁之间的
  女性用户为主

- **·实体店的优势有哪些?**
  从地铁站步行 3 分钟即可到达
  店内提供免费 Wi-Fi 和充电器
  每天提供手工制作的糕点

- **现有问题**
  自己无法进行更新
  没有手机版页面
  设计样式过时

- **对设计有什么期望?**
  以茶色作为商标色,展现
  有机、绿色的理念

---

2. 调查分析   调查竞争对手的网站

    调查名气高、销售额增长及同一地区内客流量较高的咖啡店的相关信息,然后参考本书中的"西餐厅、咖啡店类网站的网页设计(参考 P88)"或"可供参考的网页设计网站(参考 P26)",还可以利用行业类别检索及 WordPress 主题检索获得有效的信息。

● 对多个咖啡店网站中所展示的信息进行分析

📍 东京都新宿区 XXXXX00-00
    从新宿站西出口向市政厅方向步行3分钟

📞 **03-1234-5678**

营业时间	12:00~19:00 (L.O 18:00)
盘点日	周二
座位数	50 座

MENU   Google Maps   店内景象照片

● 根据获取的意见对效益良好的店铺的氛围、配色设计进行研究

    搜索能够使人联想到有机、绿色氛围的网页。

    对搜索到的相关网站中所用的字体、素材、配色、照片加工方法进行研究。

● 了解最新趋势的设计和技术(参考 P159)

---

3. 网页设计(技术参数表、网页地图)   确定整体的技术参数表和页面数量

- **技术参数**
  使用 HTML5+CSS3 制作。使用 jQuery 的幻灯片功能。
  设计对应手机页面的响应式页面。
  确认更新后的 WordPress 及最新版本浏览器的兼容性。

- **页面数量**
  首页、菜单、位置,2个通知(档案与单独报道)、咨询,共7个页面。

---

4. 画面信息设计(制作线框图)   将各个页面中登载的信息、功能落实到版式布局中

对于从竞争对手的网站中获得的普通信息与客户希望的内容进行分析,并布置在页面中。

※如果需要对应手机页面,就必须在这个阶段进行适用于手机的相关信息设计。

※版式设计(参考 P119开始的内容),可以利用能够引导用户浏览的引导线等设计,让页面使用变得方便简单。

---

5. 设计   通过整体设计与细节设计来丰富页面效果

- **字 体**:黑体
- **素 材**:亚麻布花纹
- **配 色**:基色调为驼色
          主色调为茶色
          重点色为绿色
- **照片加工**:表现画面的温馨感

饮料 ▶

🍽 **菜品**

- 绿色咖喱饭   850yen
- 泰式盖饭   850yen

R231 G224 B213   R108 G089 B072   R103 G130 B099

---

6. 进入编写代码的步骤

从版式、构图方面
进行网页设计

由于 PC、平板电脑、智能手机等设备的显示尺寸各不相同，网页设计也需要进行相应变化，以适应这些设备的尺寸。这一部分将对网页设计中必不可少的一些版式进行讲解。

PART4
⓪1 网格型版式

8倍数的网格

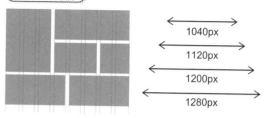

1040px
1120px
1200px
1280px

多网格版式的模板可以以8列、16列、24列等8的倍数为基准进行制作。

页面的宽度也要以8的倍数进行制作。

⓪1 以整齐美观的方式展示大量信息

网格型版式可以将页面中的大量信息以整齐美观的方式展示出来。

1 "Kinfolk" 的主页中，各项图文信息被纤细的竖线分割成等宽的条状区域，形成了杂志风格的版式效果。

2 布置在页面左侧的主视图搭配了一张大幅的正方形照片和相关报道，与其右侧的三栏信息构成了非对称构图。

3 文字版式以居中对齐为基础，而需要突出的标题文字则设置了比正文大一些的字号，并采用居中对齐的布局。

这种版式布局适合各类门户网站使用。

在文字量不同的情况下，让所有段落的文字在各自配用图片的下沿对齐，从视觉上可以形成错落有致的效果。

3列网格之间留有大量空白，图片下方的文字采用居中对齐的版式。

采用左侧图片、右侧文字的布局时，会在纵向上留有大量留白，从而形成整齐美观的效果。

⓪2 用留白设计出精练的非对称效果

"KIRKOR" 的主页采用网格型版式布局，并使用了留白和非对称的设计样式。

主视图中所展示的造型各异的建筑物被分布在尺寸不同的网格中，乍一看似乎感觉不是很整齐，但各个要素都是沿着网格的结构进行分布，给人以精练的印象。

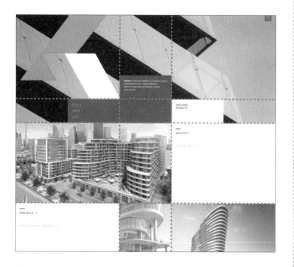

⓪3 竖排文字与照片的搭配展现出如同杂志风格的效果

"铃乃屋正统和服大全" 的主页采用文字竖排的版式设计，并沿着网格布局进行布置。

文字部分采用宋体类字体，与能够显示竖排版式的CSS搭配后，展现出正统和风杂志风格版式效果。

⓪4 混合型栏目布局也要有基准

当用户进入 "Peel" 的主页后，首先看到的是单专栏型版式的布局，接着是双专栏型、三专栏型，最终形成了混合型栏目布局。在进行栏目组合设计的时候，网格型布局也可以发挥不小的作用。

专栏

在Photoshop中轻松制作参考线

使用 Photoshop 可以轻松完成网格版式参考线的制作。※

1. 在 Photoshop 的菜单栏中执行 "视图"→"新建参考线" 命令。

2. 在设置窗口中输入所需的行、列等参数，单击 "OK" 按钮即可生成所需的参考线。

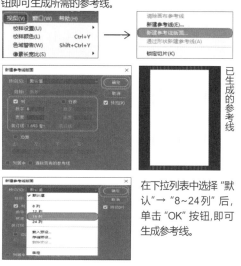

已生成的参考线

在下拉列表中选择 "默认"→"8~24列" 后，单击 "OK" 按钮，即可生成参考线。

※Photoshop CC 2014.2以上的版本中具备该功能。

02 卡片、瓷砖型版式

卡片、瓷砖型版式的特点

卡片、瓷砖型版式属于网格型版式的一种，这种版式具有信息区分清晰、容易分辨、非常适合与响应式网页设计进行搭配的特点。

卡片、瓷砖型版式有着良好的兼容性，适用于各种大小尺寸的显示设备。采用该版式设计的页面，就能够在一个画面中同时展示大量信息。

另外，如果让信息铺满整个页面，当页面中展示的信息不够充足，其先后次序就会变得比较难以判断。所以这种版式布局也存在着信息登载量达不到一定数量，设计就很难实现的缺点。

根据窗口尺寸进行调节的可变式卡片、瓷砖型版式

适用于PC端 → 适用于平板电脑端 → 适用于手机端

由于能够保持操作性及外观的一致性，所以非常适合响应式网页设计。

01 搭配图像素材提高视觉效果

当页面中搭配了图像素材后，视觉效果就会有很大提升，让用户得到更好的浏览体验。

1 在"Benoit Challand"网站的"Project"页面中，展示了大小不同的照片作品。

2 当鼠标光标移动到照片上时，照片的背景色就会改变，显示出标题等信息。

3 在手机端浏览该网页时，照片就会变成大小相同的尺寸，同时版式也会变成纵向单列的样式。

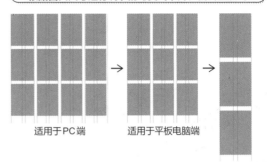

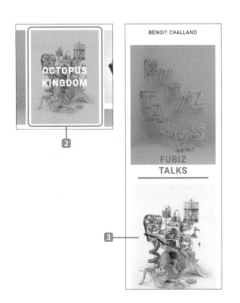

02 让不同信息之间有清晰的区分

卡片型版式可以将一段信息表现得简洁易懂，并与其他段落的信息清晰地区分开。

在"B&O PLAY"的主页中，各段落的图文信息都被集中在相应的卡片型栏目中。各个卡片栏之间留有空白，让每个段落的信息都有着清晰的区分。

03 随窗口尺寸变化的版式布局

"CharityTUMO"的主页采用了一次性能够浏览到多条信息的可变式网格型版式，使页面中布满一个个图文信息栏目。由于网站中使用了一种名为"Masonry"的对应响应式页面的jQery插件，当页面扩大或缩小时，各个图文信息栏也会随着一同变化。

POINT
所用的 jQuery 插件来自 Masonry。

04 利用排序更改功能调整信息排序并进行分类

"Formerly Yes"的主页采用了能够让用户浏览整个页面从而查找到所需商品的设计，以及通过排序更改功能对关键词进行检索的设计。

电子商务网站中的商品介绍等页面包含大量信息，排序更改功能可以改变信息展示的优先顺序，让用户获得更加便捷的使用体验。

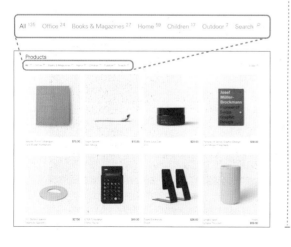

05 适合在桌面端和手机端显示的样式

采用卡片、瓷砖型版式布局能够清晰地将各个信息区分开，即使是在手机页面上，这种版式也能有效发挥作用。

"小豆岛商店"的主页中布置有尺寸各不相同的正方形和长方形卡片栏，当用户使用手机打开该页面时，所有卡片都会变成横向的长方形。

标题部分是通过CSS控制的，可以灵活调整其布局和样式。

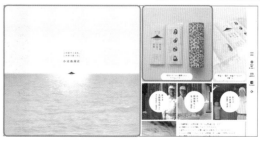

03 单专栏型版式

单专栏型版式的特点

单专栏型版式对于用户浏览的引导较少,所以是一种能将网页内信息集中起来的版式。

在需要保持连贯性的纵向型引导页中,经常会使用单专栏型版式。

通常这种版式会充分发挥图像素材的优势,并将类似宣传资料这样的主题内容作为下级页面的跳转入口。

单专栏型版式十分适合显示面积小的手机页面使用。

纵向单专栏型版式

上下卷屏

- 上下卷屏浏览完整页面
- 采用视差效果,使卷屏时画面展示效果便于阅读
- 设置进入下级页面或详情页面的跳转链接
- 保持从上至下的连贯性

01 最适合手机页面的单专栏型版式

1 "肘折温泉"的主页采用纵向单专栏型版式,并布置有由大幅幻灯片构成的主视图。同时也采用了响应式网页设计。

2 卷屏时文字说明就会浮现出来,并以动画的形式依次展示说明文字。

3 大幅的背景图像上设置有进入下级页面的链接,网页的整体概述都布置在了首页中。

在手机中打开该网站时,页面版式也继承了桌面版首页的样式。取消了文字的底图,通过CSS的控制,将文字内容改为横排形式,从而对版式进行了一定的调整。

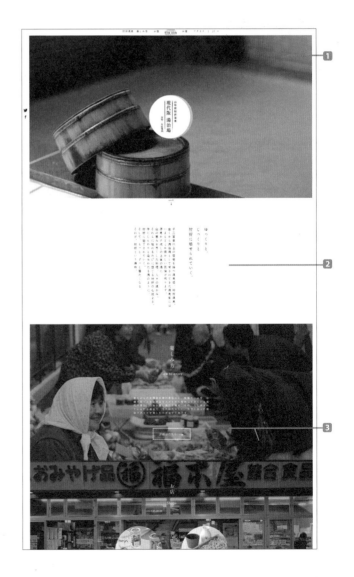

⓪② 展示主题的精髓

在"村上农园的花椰菜苗圃"的主页中，使用大幅的照片和简洁的文字说明，将网站主题像宣传册一样展示出来。

标题画面的背景设置了视频演示，当用户进行卷屏操作时，画面就会像连环画一样转移到下一个画面上。

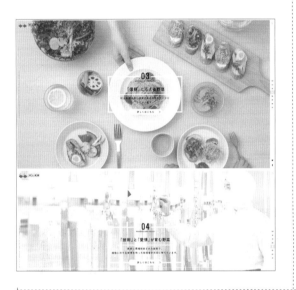

⓪④ 展示连贯性的内容

单专栏型版式所具有的连贯性可以引导用户在页面中从上至下进行浏览，从而使用户集中了解网页中登载的内容。

在"Parente股份公司"的主页中，业务简介等下级页面中都配用了简洁的文字说明和具有透明感的素材照片，展现出干净利落的效果，有利于用户快速对内容进行了解。

⓪③ 展现图像最大的魅力

单专栏型版式能够展示铺满整个画面的图像，适合用于展示高分辨率图像或视频的页面。

在"FURUNO"的特设页面中，背景部分布置有照片和视频，并以动态形式将文字说明展示出来。

⓪⑤ 引导页中经常用到单专栏型版式

登载用户所需内容的引导页通常都会采用单专栏型版式。

在"在家中即可学习MBA！"的主页中，为了让用户了解网站的用途，咨询按钮会反复出现在各段文字内容之间，页面的最底部还会设置引导用户登录的对话框。

PART4
⓪4 双专栏型版式

双专栏型版式的特点

　　双专栏型版式属于网格型版式的一种。这种版式的页面会在左侧或右侧设置导航栏，同时将页面分成主副两个区域。近年来比较流行将导航栏固定在主区域，并支持卷屏操作的设计。

　　另外还有一种布局，是将页面从中间对半分割形成两个栏目，被称为分屏式布局。分屏式布局会让页面左右两侧的要素形成对比效果，只要改变其中一侧的要素，就能将特色信息展示出来。

❶左侧导航栏布局

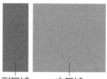

副区域　　　主区域

❷右侧导航栏布局

主区域　　　副区域

❸分屏式布局（将页面从中间对半分割）

从页面中央将其分为两部分的分屏式布局（P164）成为近年来的趋势。

⓪1 固定在左侧的导航栏

　　"神胜寺 坐禅与庭院的博物馆" 首页采用左侧导航栏、右侧布置展示内容的双专栏型版式。

❶ 在导航栏区域里布置有竖排的标志和全局导航栏，下部则是著作权的标识。

❷ 页面右侧的内容展示区域采用了网格型版式布局，布置有大幅的幻灯片和附带照片的瓷砖型项目链接。整个区域将图像展示作为主体内容。

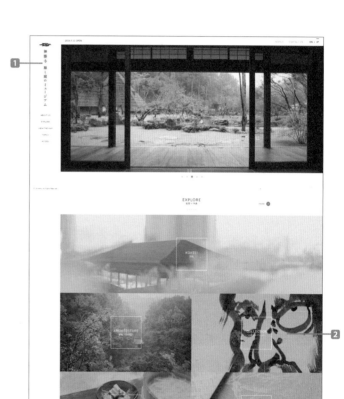

─ POINT ─

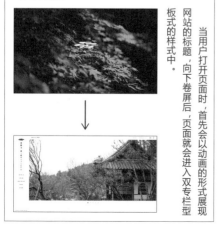

当用户打开页面时，首先会以动画的形式展现网站的标题，向下卷屏后，页面就会进入双专栏型板式的样式中。

02 留出充足空白的双专栏型版式

"ICHIJI"主页导航栏被布置在主区域左侧的空白位置，是一种给人以充裕印象的双专栏型版式。

导航栏区域中的各项文字之间留有充足的空白，同时文字采用向右对齐的布局。网站标志则布置在稍微靠近页面下部的位置上。

03 在页面右侧区域布置补充信息

多数双专栏版式的页面，会将导航栏布置在页面右侧，但也有一些网页会将网站标志或社交媒体接口之类的补充信息和链接布置在右侧区域内。

在"KUREHA股份公司"主页的主视图下部采用了双专栏型版式，右侧区域布置的是介绍产品信息的链接和招聘信息，还布置了关联网站的图标。

04 左右风格不同的分屏式布局

在"Big Cartel 2014 Recap"的主页中，当用户进行卷屏操作时，画面就会切换到宣传资料类的图文说明上。

页面采用分屏式布局，文字内容布置在页面左侧，右侧展示的则是相关的图像。通过分屏式的设计，让页面左右两侧分别发挥了不同的作用。

05 对比两种要素的分屏式布局

在"Ballantyne"的主页中，页面的左右两部分采用了完全独立的设计，将鼠标光标放在一侧进行卷屏操作时，只有该侧的页面会响应操作。

页面左右两侧的背景采用不同的颜色，左侧的主题为"DIARY"，右侧的主题是"COLLECTION"，两种不同的内容在页面中形成了对比效果。单击页面中任意一侧的照片，该侧的内容就会以全屏方式显示出来。

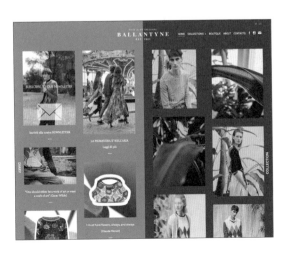

PART4
05 组合专栏型版式

组合专栏型版式的特征

当页面中出现两个专栏以上的布局时，就形成了组合型专栏版式。

在电子商务网站、手机网站等含有大量信息的网站中，为了减少用户频繁进行卷屏操作的麻烦，很多网页都会采用组合专栏型版式。

三专栏型版式在设计上也逐渐受到移动端页面的影响，但由于以前PC端的网页是为了充分利用显示器的画面，所以将页面的中间区域设计得很大，而移动端网页中间区域很小，左右区域的布局越来越多。

组合专栏型版式的示例

三专栏

两边区域内容与中央区域内容重要度相同时的布局

充分利用显示器宽度，以主区域为内容主体的布局

01 从单专栏变成双专栏的版式

"SHIPS MAG" 的主页采用以单专栏版式为基础的网格型版式布局的设计。

1 网站标志布置在主视图中间，标志下面是子级页面的入口链接，主视图背景为全屏的幻灯片。

2 用户将页面拉到下方，页面会变为双专栏型版式，左侧为 "STYLE BOOK" 的内容，右侧展示的是 5 个日志。

3 圆形图框与方形的图框搭配在一起，而其下面的部分是横向排列的卡片型布局。

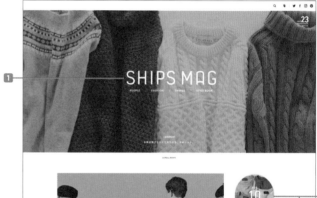

从手机端打开网站时，双专栏型版式会变为单专栏型版式。

02 中央集中型三专栏版式

"Maxim Gorki Theater" 的主页采用了三专栏到单专栏和双专栏的组合型专栏版式。页面中三专栏部分的两侧为竖长的区域，中间区域布置有大幅图像，将用户的视线集中于中间。

03 新闻或杂志类网站常用的三专栏型版式

新闻或杂志类网站通常都会使用便于布置图文信息的三专栏型版式布局。

"Glamour" 主页的主视图下方采用三专栏版式布局，登载了各类型报道的标题和配图。

04 形似双专栏的三专栏型版式

"翠江堂" 主页采用了类似中间分隔的分屏式布局。

由于展示网站标志区域的背景色与照片区域的背景色相同，看起来好像是双专栏的版式布局，但当点开店铺信息，显示出谷歌地图后，就会发现这个页面采用的其实是三专栏型版式。

由于背景色相同，所以看起来像双专栏版式。

其实是三专栏型版式。

05 宽度不同的双专栏版式的重复布置

"Bloomingville" 的主页采用宽度不同的双专栏型版式，分别展示文字和照片。

不同位置的文字背景采用不同的底色，文字和图片的左右位置上下交替，让页面内的信息带有一定的节奏效果。

PART4 06 全屏型版式

全屏型版式的特点

全屏型版式是将视频、照片、文字说明布置在一个铺满整个页面的栏目中。

在全屏型版式中，图像效果得到了全面强化，产生强烈的视觉冲击力。尤其在引导页中使用时颇具效果。

全屏型版式分为自始至终都是全屏版式的模式，以及主视图为全屏，卷屏后变为组合专栏型版式的模式。

❶页面总是保持全屏版式，在一个画面中展示各种信息

🎬 视频

🖼 图片

</> 程序

❷页面一开始为全屏版式，向下卷屏后变为组合专栏型版式

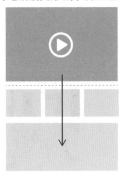

01 用幻灯片的方式展示全屏的背景图片

在 "iglu" 的主页中布置了全屏式的背景图片，通过幻灯片的形式展示给用户。

1 每当图片切换时，当前图片就会以动画特效的形式向画面中心缩小，然后显示出下一张图片。

2 网站标志、菜单采用半透明的背景，其文字分别布置在背景色的上下两端。

02 在固定的画面中展示不同视频

在 "RUN TOMORROW" 的主页中布置了慢放的视频。单击页面下部的导航栏，新的画面就会从一旁滑动过来，在同一幅画面中展示不同的视频。

03　使用电影图片展示动态图像

近几年来，很多网站都使用GIF图像让照片的一部分或电影图片 (Cinemagraph) 进行动态循环来展示页面主题。通过这种方式，能够展现出奇妙的网页效果。

"Studio Marani" 的主页采用全屏式带有电影图片的背景图像，滑动画面时，页面就会以幻灯片的形式展示下一组图像。

以动态图像的方式让人物脚部带有播放视频一样的效果。

04　在主视图中展示图像内容

在全屏型版式的页面中，通常会将大幅的照片或视频布置在页面的主视图位置上。

在 "Die Anfahrt" 的主页中，当用户打开页面时，会看到全屏有声视频，当单击画面后，视频会缩小并变为专栏的一部分内容。

05　由程序构筑的网页效果

网站 "HEARTLAND FOREST" 采用黑色及高亮度黄绿色进行配色，并设置了一些小程序，构筑出了充满幻想气氛的效果。

当用户将页面中的声音选项设置为ON后再进入主页，视频就会与声音一同展示出来。单击页面中的链接，就会有绿色的鸟群在页面中移动，就好像迁徙到下一个页面中似的。

单击链接

06　以全屏方式播放电影的宣传片

能够展示大尺寸视频的全屏型版式，非常适合作为电影的宣传网页使用。

在 "Wheelchair Dance" 的主页中，页面上下部分设置为黑色，中间部分用于播放电影的宣传片。

长按空格键就可以播放视频，单击全屏切换的图标，就能以全屏的方式观看视频。

单击全屏切换图标

PART4
07 脱离网格型版式

脱离网格型版式的特点

脱离网格型版式与整齐稳定的网格型版式不同，能够展现出轻松简约的印象。

很多应用该版式的网页采用将照片与文字叠加，图框与图案叠加，并随机在页面中留出空白区域的布局。

同时，这种版式布局适合与展示视差效果的动画特效搭配，一些以大量照片、图片为主的网站会利用这种效果吸引用户进行持续的浏览。

构图的特点

❶将文字布置在照片上

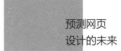

预测网页
设计的未来

预测网页
设计的未来

❷在照片上叠加图框、照片或图案

01 活用留白和叠加构图，展现漂浮的效果

脱离网格的布局会在页面中产生出不规则的空白区域，以此为基础进行各类要素的布置，就能表现出带有漂浮感的、精练的印象。

■ "Luminaire&déco scandinave"主页的主视图位置布置了三个用于展示幻灯片的图框。

② 文字标题的一部分叠加在大一些的图框上，标题下方的文字采用右侧不对齐的段式。页面中的图文没有依照网格基础进行布置。

③ 为了提高可读性，当用户使用手机打开该网站时，文字就不再与图片进行叠加布置了。

02 着重表现图像的简约设计

"Art Direction/Design-Sam Dallyn" 的主页采用了只布置少量文字内容，着重表现图像的简约设计。由于脱离网格版式产生的大量空白区域对图像起到了衬托作用，非常适合需要强调图像表现力的页面使用。

03 照片与图框叠加出不规则的美感

在 "IGK Hair" 的主页中，图像上叠加有文字内容，黑色背景的图框也叠加在图像上面，形成了不规则的美感。

脱离网格的束缚，网页就有了各种自由的表现方式。

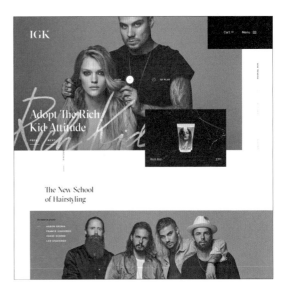

04 与SVG动画进行搭配

在 "holo shirts" 的主页中，SVG动画所绘制的弧线花纹与图像搭配在一起，表现出漂浮的效果。

通过对一些细节的精心设计，用户向下浏览时图像会自上而下进行显示，同时SVG动画效果也会启动。

05 在列出的图片中插入视频

在 "Trolleys" 的主页里进行卷屏操作时，页面就会展示出带有动画特效的画面。

在叠加起来的图框中除了展示有照片，视频也被布置在其中，动态的效果让页面有着更为生动有趣的表现。

08 自由型版式

自由型版式的特点

在自由型版式的页面中，各类要素可以像绘画那样自由地布置在页面中。但需要安排好各要素之间的位置关系，以达到均衡的效果。

需要通过手绘插画、照片来突出主题的网站，或在页面中有应用程序的网站，都适合使用自由型版式。

很多网站都会结合卷屏等操作加入动画特效的展示。

手绘插画、照片、艺术字等要素都可以自由布置

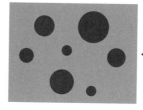

</> 程序

通过程序的整体控制，可以在用户卷屏时让页面表现出相应的动画特效。

手绘插画　照片　艺术字

①1 动画特效为手绘插画带来变化

"numéro10" 的主页由黑白手绘插画搭配而成。

1 页面中抠除背景的PNG图像叠加在一起，在进行卷屏操作时，不同层次的图像在动画特效的作用下展示出位移的效果。

2 单击各个版面的链接按钮，就会打开登载有相应详情的窗口。

3 如同幕布似的设计可以将页面内容自然地过渡到下一个阶段，每一张手绘插画和艺术字都具有独特的原创性，让网页具有独一无二的魅力。

02 设计固定的版式

多数采用自由版式布局的页面，是使用带有绝对定位的position:absolute;属性，按照HTML的顺序，将并无关联的要素布置在一起的。

网站"FELISSIMO"的主页并没有采用响应式网页设计，而是分别制作了PC端和手机端的页面。

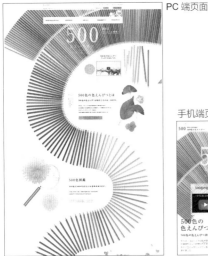
PC 端页面

手机端页面

03 沿曲线布置的各项要素

在"印度手工绣品店tanka"的主页中，各种照片和手绘插图是沿着曲线进行布置的。

当用户进行卷屏操作时，插画和照片就会显示出来，吸引用户不断向下浏览。文字内容采用竖排版式与横排版式相结合的方式，表现出自由的效果。

04 利用蒙版制作出夸张的造型

"Anakin Design Studion"的主页在主视图部分采用的是单专栏型版式，其下方带有透明背景的PNG格式英文字母形图像，以十分夸张的倾斜状态布置在页面中，为页面效果带来变化。

用户进行卷屏操作时，被蒙版覆盖的背景图像会出现位移的视差效果。

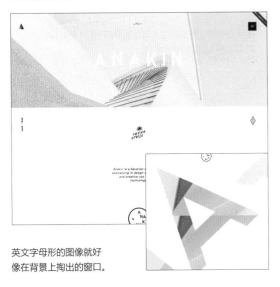

英文字母形的图像就好像在背景上掏出的窗口。

05 通过手绘插画和照片自由地展现出主题

在纸纹素材的背景上装饰着半透明的手绘插画，并沿着曲线进行自由搭配。"花道舍"的网站采用的就是这种自由型版式布局。页面右侧的菜单会随着卷屏一同移动。自由型版式也迎合了网站的主题。

版式设计的4个法则

在设计页面版式的时候，要依照"靠近、对齐、重复、对比"这 4 个法则来布置各项要素，从而设计出既易于阅读，又能有效地将信息展示给用户的页面版式。

◉ 靠近

· 将相互关联的项目群组化。
· 与其他群组项目之间保持足够的空白。

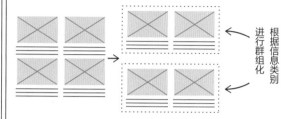

根据信息类别进行群组化

每一组信息之间留出足够的空白，让每一组信息都能形成视觉上的整体感。

◉ 对齐

· 页面上所有的内容都要有意识地对齐。
· 保持相关要素之间的空间位置关系。

2018.11.4 发售
Web Design Theory
久保田涼子 著

→

2018.11.4 发售
Web Design Theory
久保田涼子 著

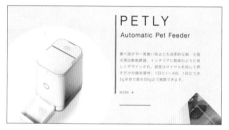

标题、文本、链接以左对齐的方式进行排列。

◉ 重复

· 相同的样式可以保持设计风格的统一感和一贯性。

2018.8.12	▸	更新了实物制作过程
2018.8.03	▸	本月新闻一览
2017.11.30	▸	关于年初到年末的营业日期
2017.3.24	▸	更新了实物制作过程

重复

保持每一组项目都是左上角布置图标、图标下布置标题和日期及右侧配图的样式。

◉ 对比

· 在页面中表现出配色的差异、尺寸大小、线条粗细、造型的不同、空间宽窄等要素。

Web Design Theory
 对比是将页面中的各项要素进行区分。

↓

WEB DESIGN THEORY
 对比是将页面中的各项要素进行区分。

Ares Park

A project about fictional world parks where each place has a certain landscape or material specific to that region. Doing this series pushes me to explore different lighting with a common object like the small power sources seen throughout. Planet exploration is always a good thing to do at 4 AM.

标题使用黑色大字号文字，正文则使用灰色小字号文字，使两者有了鲜明的区分。

使用素材、字体、程序的设计

这一部分将讲解如何将照片、手绘插图等素材应用到页面中、字体如何让文字富有魅力，以及网页设计中最大的特色、在网页中加入程序控制等内容。

01 以图像素材为主体的设计

以图像素材为主体的设计特点

网页中不仅需要文字内容, 视觉信息的展示也是网页设计的重要一环。

在页面中布置大幅的图像, 不仅可以丰富视觉效果, 还能让用户直观地了解网站所宣传的内容。图片对于页面的外观品质有着直接影响, 所以选择素材时要挑选分辨率适当的图片。

另外根据 "Search Engine Journal" 的统计显示, 通常情况下, 浏览网页的用户对单页内容的阅读量不会超过28%。因此加强视觉效果的表现有助于让用户记住网站所宣传的内容。

❶ 采用此设计方式可以实现如下设计目的

- 利用视觉效果展示品牌语言
- 通过实物展示提升用户的好感度与信赖度
- 对直觉性信息进行说明

❷ 以图像为主的页面结构

①读取内容
②商标
③汉堡包式菜单或导航栏
④卷屏图标

01 进入网站后会显示铺满画面的图像

布置在首页主视图位置, 用于宣传企业、品牌形象的大幅图像或视频被称为 "品牌主视觉" 设计, 不少网站都会在这个设计中加入简约的标志、导航栏或宣传语。

① 在 "横滨 DeNA 慢跑俱乐部" 的主页上布置了4种显示模式的高分辨率照片, 然后 "YOKOHAMA DNA RUNNING CLUB" 字样的艺术字会从右向左滑入画面。

② 为了将图像集合起来, 网站的标志布置在页面左上角的位置, 页面顶部还设置有全局导航栏。

③ 为了更好地吸引用户使用, 页面中下部设置有鼓励用户向下浏览的卷屏翻页标识。

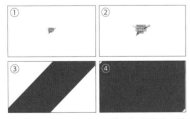

在读取画面的过程中, 网站图标会以动画特效的形式从远处向近处放大。

点击右上角的汉堡包式菜单按钮, 就能展开全局导航栏, 通过导航栏进行页面跳转。

进行卷屏操作时, 上部的网站图标和导航栏会被隐藏, 只留下汉堡包式菜单按钮, 从而起到强调图像的作用。

⑫ 在固定的画面中展示全屏的幻灯片

在以照片图像作为页面主体的图像类或观光类网站中，经常会用到充满魅力的全屏幻灯片。

"2015 Year in Review" 的主页布置了铺满整个画面的照片，左右拖动鼠标可以切换到其他照片上。点击画面下方的"More" 标记，页面就会切换到当前照片的详细信息页面中。

"KLM iFly 50" 是一个通过照片介绍50个风景名胜的网站。其首页上利用一位女性照片的剪影作为蒙版，在蒙版中展示美丽的风景照片。向下卷屏后，页面中就会显示出充满魅力的全屏风景照片。

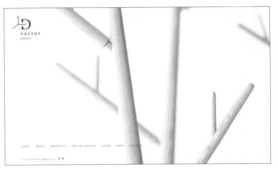

家具网站 "D Vector Project" 的主页采用幻灯片作为背景图像。图像上布置有小尺寸的商标与文字简练的导航栏。页面中没有多余的信息，突出了品牌的形象。

⑬ 在照片的一部分里加入动态图像

近年来，背景图像中带有动态效果的GIF图 (动态图像) 受到越来越多网站的欢迎。

带有动态效果的图像能增强其表现力，相比静止的图像，动态图像可以渲染出更出色的氛围。

同时动态图像可以在不支持Flash或视频插件的浏览器中播放。

对页面中的重点部分进行强调，能有效吸引用户。

▬ POINT ▬▬▬▬▬

由于GIF动画所能显示的颜色数量有限，因此适合用于色彩饱和度低的照片或怀旧风格色调的图像。

如果是效果复杂的GIF动画，其文件比较大，这时就需要考虑是否直接插入视频了。

"THE DOG DAYS" 的主页展示了湖畔的照片，并加入了水纹波动的动态效果。其主要宣传的是饮水机用的纯净水。

在餐饮企业 "Gilgul" 的网页中，以漫画风格的动态图像，展示了正在烹煮的菜品、切菜的过程，以及热气腾腾的美食，让图像具有强烈的现场感。

04 特效的组合搭配

图层叠加产生的层次非常适合与动态视差效果搭配，很多以照片、图像为主题的网站都会采用类似设计。

在"Piste"的主页中，文字和照片会根据用户的卷屏操作而移动。在这个过程中，每张图像的移动速度各有不同，从而产生了漂浮的视觉效果。

当用户进行卷屏操作的时候，撑满页面的照片❶就会向右侧移动❷，继续进行卷屏操作照片就会缩小❸，最后缩进页面右上方的图框中❹。

POINT

人们都知道通过 JavaScript 可以实现视差效果，但如果制作更为复杂的效果，就需要使用 CSS 了。

---

05 减小标志和导航栏的尺寸

在"AĀRK Collective"的主页中，为使产品照片能够集中起来，将网站标志缩得非常小并布置在页面的左上角，右上角的汉堡包式菜单按钮里包含了全局导航功能。

进行卷屏操作时，页面下方的图文内容会覆盖到主视图上，此时主视图就好像卷帘一样被收了起来。由于采用了响应式网页设计，在手机端打开该网页时，页面就会变为单专栏型版式。

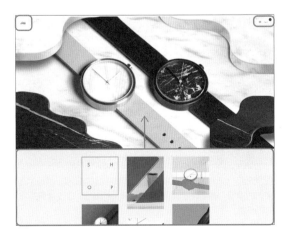

专栏

丰富的视差效果带来的魅力

多数网站首页的主视图上设置的幽灵按钮[※]和卷屏图标都位于图像的下部，此设计意在引导用户进行下一步操作。

当用户进行卷屏操作时，画面会出现动态特效，从而让用户产生良好的期待感，同时还能强调网站的理念。

在视频编辑 APP "Cameo"的主页中，用户的卷屏操作会使主视图缩小，使其在手机页面中也能产生完美的视差效果。

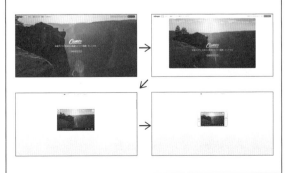

※ 透明、半透明的按钮。

⑥ 铺满屏幕的照片

定制型网页设计非常适合时尚用品、电商等需要通过图像进行宣传的网站。

基于网格型专栏版式来布置照片，能够使整幅页面都布满图像要素。

在 "Happy Culture" 和 "sonihouse" 的主页中，各种专栏将图像分割成瓷砖型布局。

文字内容被限制在最小的区域内，以强调照片所展示的直观信息，点击图像就可以打开相关链接。

⑦ 分屏式版式布局展现左右各不相同的图像

随着高清显示器的普及，将页面一分为二并在左右两侧布置不同内容的分屏式版式布局产生了。

分屏式版式布局可以将两个不同的主题内容进行对比，或详细展示单一主题内容，在短时间内使用户获得更多信息。

在展示不同时间、不同地点风景的 "Jetlag" 网站的主页上，分别展示了美国和冰岛的风景照片，让时间与风景共同形成对比效果。

⑧ 非对称布局表现出的视差效果

非对称布局版式采用的是类似杂志封面的灵活随意的版式。

在 "DRAFT 股份公司" 的主页中，将尺寸各不相同的照片布置在相应的图框中，但文字内容却没有依照网格的位置进行排列，表现出带有漂浮感的视差效果。

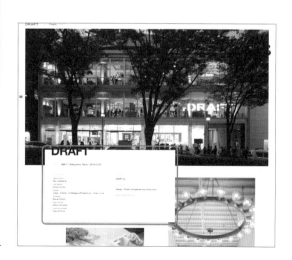

PART5
02 使用抠图照片的设计

使用抠图照片的设计特点

抠掉背景的照片能够使被拍摄物品得到凸显，更容易抓住人们的眼球。

同时网站中登出的每一张照片都要保持相同的亮度和饱和度，照片四周的留白也要尽量统一，这样可以表现出精致干练的印象。

抠图照片与文字或背景图案搭配在一起后，可以作为设计素材使用。背景采用多彩的配色时，能够表现出愉悦欢乐的效果。

❶ 采用此设计方式可以实现如下设计目的

· 同时展示多个物品的说明
· 让电商网站有着清晰明确的整体外观
· 展示物品的特写镜头

❷ 布置抠图照片的窍门

沿着网格布置照片给用户稳重的感受。　只展示出最少量的信息，点击物品图像后会跳转到详细页面中。

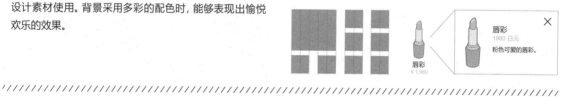

01 强调产品聚焦目光

化妆品公司"KOSÉ"在其主页上根据上市年代的顺序，介绍了其不同时期的产品。

❶ 页面上部布置有两张抠掉背景的产品照片。右上方的照片比左下方的照片略大，与从左上到右下的一般浏览顺序不同，其主页采用的是从右上到左下，最后到下方产品列表的浏览顺序。

❷ 各类产品被排成5列，各个产品之间都留有充足的空白，使每一个产品都能引起关注。

❸ 在产品列表的背景中会插入一个代表产品特色的汉字，采用纤细优美的字体和渐变的配色，以不规则的方式分布在背景中，紧密适中，展现出页面充裕的印象。

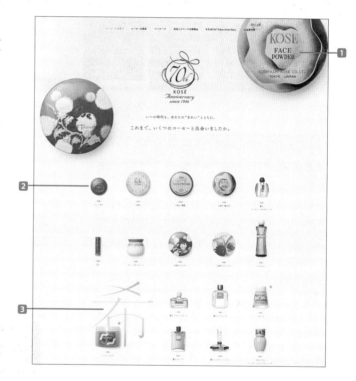

单个的汉字装饰采用不规则方式布置在背景中，为排列整齐的产品带来一定的变化。

抠掉背景的产品照片加上了柔和的阴影，表现出柔和的质感。

点击产品照片，就会弹出登载有产品详细信息和社交媒体链接的窗口。

02 让照片的亮度和饱和度保持一致

当页面内布置有大量照片时，保持照片的质感、亮度、饱和度的一致性是非常重要的。

例如，使用单反照相机和手机拍摄的照片，由于镜头性能及采光方法的不同，即使是拍摄相同的物体，不同设备拍摄出的照片也会有不同的质感。

在"明治股份公司"的主页中展示了酸奶系列产品的详情，每个产品都以相同的角度拍摄，同时配以文字介绍。不仅在拍摄产品时一直使用相同的照明，后期处理又进一步对照片的亮度和饱和度进行调整，使这些照片的质感保持统一。

03 在照片之间留出充足的空白

在"Buwood"的主页中布置了3列浅色的圆形手提包的照片，每张照片之间都留有充足的空白。

一般情况下，电商网站都会在照片的下面标记出商品的名称及售价，但在"Buwood"的主页里却采用了只展示手提包照片的简约设计。

页面中的大量空白使商品得到了衬托，用户能在不受到价格影响的情况下，根据直觉打开商品的介绍页面。

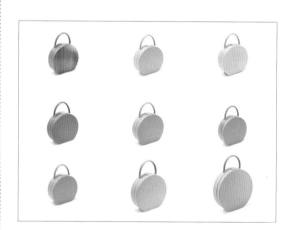

04 列举各种对比鲜明的照片

与把相同尺寸的照片摆放在一起对比，将不同高度、宽度的抠图照片整齐排列在一起，可以表现出带有一定节奏变化，却不显凌乱的效果。

在"Mah Ze Dahr Bakery"的主页中，大小不一的抠图照片被一同展示出来。照片按照网格型版式进行布置，之间用浅灰色细线加以分割，使其看起来显得统一整齐。

05 色调统一的多彩配色

在"Jude's Ice Cream"的主页中展示了3列相同尺寸的冰激凌照片。

商品照片按照不同的口味设置了不同颜色的背景，每张照片四周留出充足的空间，让画面有色彩缤纷的效果。

照片的亮度和饱和度一致，薄透色调轻盈明快，以保持页面效果的统一。

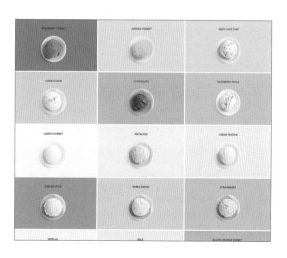

◎③ 使用纹理材质的设计

使用纹理材质的设计特点

纹理材质通常被用于装饰网页中的按钮、照片、背景图像，能够让画面产生"层次纵深"的效果。

举例来讲，如果使用日式宣纸的纹理作为装饰，就能让页面展现出"颇具说服力"的效果；而如果是黑板上的白粉笔效果的文字，则会给人以"具有现场感"的印象。

纹理材质分为天然类的纸张、木材等纹理，以及人工类的噪点、多边形等类型。可以根据用途用在不同风格的网页中。

❶ 采用此设计方式可以实现如下设计目的

- 需要设计素材或背景表现出层次效果
- 让页面效果具有可信度
- 让事物显得更加逼真

❷ 纹理材质

纸纹	方格纸	横格纹	木纹	噪点	刮痕
皮革纹	布纹	棱镜光斑	多边形纹理	杂波	耀斑

◯① 在素材和背景中使用纹理材质，以表现层次效果

"星之环农园"的主页由手绘插图和照片构成，展现出天然有机的特色。

很多以天然事物为主题的网站，都会在背景中衬入亚麻布纹或纸张纹理的素材。

❶ 背景中衬有如同水彩纸一样带有凹凸质感的驼色纹理，展现出平涂色彩所无法达到的效果。

❷ 幻灯片图框的边缘为半透明的线条，使图框与背景之间产生出层次感。

❸ 多种单色的邮戳风格插图与背景中的纸张纹理相结合，就像真的在纸上印下邮戳一样。

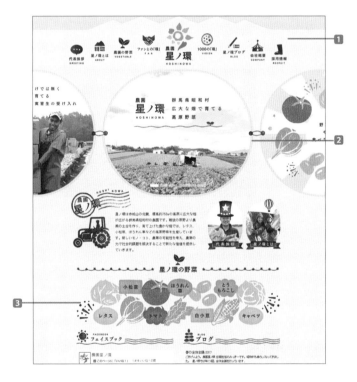

页脚位置布置了与背景颜色不同的纹理材质，并将边缘裁剪成波浪形，同时页面中还搭配了手绘风格的线条和蔬菜的插图。

收获日程表的线条和月份图标的背景纹理，充分表现了天然绿色的印象。

图注说明也采用邮戳风格的配色，以体现出具有亲和力的怀旧效果。

◎2 使用纹理材质让页面效果具有说服力

噪点风格的纹理材质能够表现出男性的风格特征，而棱镜光斑纹理带有的则是女性风格的印象。

"辛勤酿造淡啤酒工厂Yohobrewing"是一个日本手工酿造啤酒的品牌，其主页采用金色的日式云纹与蓝色日式宣纸纹理构成的棋盘式网格背景。

另外，江户花纹的宣纸、千代彩纸、彩色折纸等纸张纹理也经常被用于表现日式风格的效果。

搜集各国传统服饰与百货的"TITICACA股份公司"的主页采用布匹纹理的背景，在背景上布置了多彩的插图与花纹。展示出中南美洲热闹的氛围，并突出了其具有民族风情的百货和服饰的产品定位。

"星野度假村"的主页布置有褪色重染风格的纸纹材质和剪纸画的插图与图标，表现出浓厚的日式风格。

◎3 纹理材质与照片素材的搭配，展现出具有现场感的逼真效果

"SIA Aperitivos"的主页采用木纹材质的背景，上面布置了带阴影效果的餐盘、蔬菜、汤匙的照片，同时使用手写风格的字体，展现出餐桌上各类物品的真实效果。

此外，唱片机上旋转的唱片、笔记中书写的铅笔字迹等设计效果，都可以通过相应的纹理材质再现于网页中。

"Caboose"的主页采用了与实体店中黑板菜单风格相同的页面设计。页面铺设了古典木纹的材质，并用手写风格的字体展示菜单。

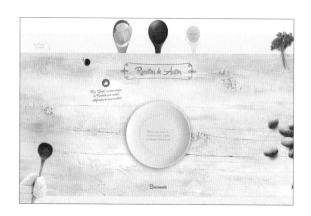

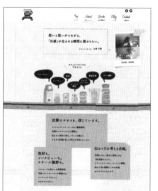

以虚构的咖啡店作为主题样式的撰稿人小仓千名的个人主页。
网格纸的纹理材质布置在背景中，纹理上面是便签、木质书架，以及书架上摆放的小装饰品的图片。

PART5
⓪4 使用装饰素材的设计

使用装饰素材的设计的特征

装饰素材能够让页面具有华丽的效果，并通过素材的风格表现页面的主题。

当前扁平化设计成为主流，采用类似实物外观和质感的设计逐渐减少。但是目前依然有不少网页会在页面的局部布置实物风格的装饰素材。特别是对视觉冲击力有较高要求的引导页，大多会使用各类的纹理材质与装饰素材进行搭配。

❶ 采用此设计方式可以实现如下设计目的

· 使设计效果具有层次感
· 表现逼真的质感
· 展现充实的印象

❷ 装饰素材的种类

⓪1 装饰素材可以展示相应的信息，也能突出页面效果

港口市场 "缘市" 网站的引导页，使用纸张纹理的素材对页面中各项信息进行区分，使其具有更加良好的可阅读性。

❶ 首页上布置了具有视觉冲击力的手绘插图，在页面右上角的通知栏中，用带有蝴蝶结图案的底图将不同内容区分开。

❷ 页面的各项链接并没有做成常规样式的按钮，而是设计成了大小2个路标形的图案。

❸ 参加商户一览图被设计成 "拍立得" 样式，并循环展示。每幅图像的左上和右下位置还装饰了胶带样式的图案，通过这样的小细节让页面效果显得更加热闹。

图框的边缘设计有淡色的阴影，以展现出适当的层次感。

地图图框的四角装饰了图钉样式的图案，地图中的定位图标也被替换成了相应主题的插画。

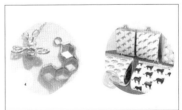

不规则的圆形图案与照片相搭配，给人以时髦流行的印象。

⓪② 点和线搭配而成的简约美观样式

即使是像点和线这样简易的素材，也能搭配出美观的样式。

在 "Make My Lemonade" 的主页中，通过各种点和线对页面进行装饰。

照片外框的阴影其实是由粗短的线段密集布置在一起构成的，通过各种不同的点线搭配组合，营造出变化多样的页面效果。

⓪③ 手写风格的装饰素材展现出的亲切感

"泉 儿童福利院" 的主页通过在页面中装饰水彩图案与手写风格的线条和文字，展现出怀旧的亲切感。

幻灯片的图框和通知区域的背景，以及链接按钮等都使用线条画来表现。页面中由手绘插画构成的 GIF 动画表示这是一个面向儿童的主页。

⓪④ 用柔和质感的装饰素材表现天然的印象

"YOGAkripa" 的主页背景中布置了茶色系的纸张纹理，页眉页脚位置布置了水彩风格的植物图案。

主视图下方的圆形图框同样采用水彩风格的植物图案，并处理成剪贴画的效果。网站采用了响应式网页设计，适当的装饰让其在任何设备上都能表现出天然的印象。

⓪⑤ 笔记体和装饰图框组合出高贵优雅的氛围

古典风格的装饰图框与笔记体 (字体) 的搭配，给人以高贵优雅的印象。

在 "IGNIS GARDEN" 的页面中，金色笔记体的英文标题与日文字体组合在一起，布置在古典风格的装饰图框中。类似的搭配风格经常出现在婚庆或化妆品网站中。

PART5
05 使用手绘插图的设计

使用手绘插图的设计特点

相比照片,手绘插画能够表现出更多的原创风格,从而拉开与竞争对手的距离。同时还可以使页面中展示的内容便于理解,让页面效果更加柔和贴切。

如果将手绘插画加工成动画的形式,则可以让网页的主题得到突显,展现出快乐的气氛。

另外,手绘插画的内容还需要与网站主题保持统一。

❶ 采用此设计方式可以实现如下设计目的

· 比竞争对手表现出更多的原创性
· 让页面具有亲和力
· 使页面内容易于理解

❷ 手绘插图的种类

电脑绘制　　　线条画　　　铅笔画　　　水彩画

彩墨画　　　剪贴画　　　图章画

01 使用手绘插画营造出温和的氛围

温和亲切的手绘插图经常被用于幼儿园、育儿所之类的幼教相关网站,或者女性类的网站中。

1 美食研究家片幸子女士的个人主页的背景铺设了纸张纹理的材质,同时布置有水彩风格的大幅手绘插画,营造出温柔的主题氛围。

2 手绘的树叶沿曲线路径在页面中自上而下布置,中间穿插了美食的插图,最下方则是问题解答的栏目。

3 高亮度的照片与高亮度的手绘插画构成了统一的色调。

照片周围用低亮度、柔和的灰色线框进行装饰。

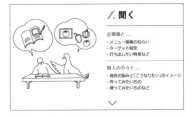

随着文字内容布置的手绘插图采用简约的黑色线条绘制,这种手绘风格的插图展示出可爱的效果。

页脚部分也装饰有手绘插图,柔和的配色使插图表现出更加柔和的效果。

02 使用卡通形象表现亲切感

手绘插图能够让网页内容获得更加具有亲和力的效果，还能够有效降低一些枯燥、难懂主题的阅读门槛。

在"海洋垃圾搜索队"（日本香川县）的主页中布置了海洋动物的卡通形象，使严肃枯燥的环境问题以更为亲民的姿态展现给用户。

页面中卡通形象的眼睛和嘴还采用了动态效果。

通过红黑两色构成的卡通人物形象，让公证处表现出亲民和蔼的印象，营造出洽谈的氛围。

将鼠标光标移动到相应人物的图像上，就会弹出该人物的台词。

幼儿园的网站最适合使用手绘插图来装饰。打开"小浜幼儿园"主页时，读取页面中会播放卡通形象的动画。进入主页后，其全局导航栏和页面各处也都布置有亲切可爱的卡通形象。

03 使用原创的手绘插图突出页面的个性化

在页面中布置独创的卡通角色或手绘插图，能够提高网页的原创性，与竞争对手的网页形成明显的区别。

在介绍温泉设施的"温泉的驿站"网站中，将剪贴画风格的手绘插图和商标布置在引导页中。主视图中的各个手绘插图会在进入页面的时候按不同顺序显示出来。向下卷屏时，相应栏目的插图还会展示旋转的动画特效，增加了网页的趣味性。

"日式点心点一朵"的主页中布置有用铅笔绘制的点心插图和店面的插图。随着用户停留在页面中的时间不断加长，页面中展示的照片也会改变。

这种能够使用户产生一定程度惊喜的设计可以让所展示的内容产生巨大魅力。

这是专为牙科医疗机构制作的"BE PROUD"网站。

通过遍布于页面中的水墨画风格的手绘插图，展示出网站的理念，使其在日趋严酷的市场竞争环境中，与竞争对手的页面保持明显的差异。

06 使用文字版式的设计

使用文字版式的设计特点

网页中95%的信息是通过文字来表述的，也就是说网页设计的95%就是文字版式设计。由于网页字体的普及，使网页设计具有了丰富的表现方式。

文字版式由所选的字体、适当的字距和行距等要素构成。出色的版式能够让页面中的文字内容兼具美观和可读性。

使用SVG、WebGL、jQuery等语言，还能够使网页中的文字具有动态效果，让用户对相应的语言文字留下深刻印象。

❶ 采用此设计方式可以实现如下设计目的

- 给阅读文字内容的用户留下深刻印象
- 让用户在阅读篇幅较长的文字内容时不会厌倦
- 展示宣传语

❷ 网页设计中文字版式的注意事项

- 字号要区分明确
- 文字和段落对齐
- 适当的行距、字距
- 字体的选择
- 标点符号（句号、问号、括号、重点号等）的使用方法

01 让文字的版式设计展示出视觉冲击力

在"Multimedia Guides to Polish Culture"的主页中，可以发现如下几个特点。

❶ 双色印刷风格的配图展现出十足的魅力，整齐排列的黑体字标题有着出版物般的版式设计风格。

❷ 标题部分只有"A"被布置在段落外，并缩小了字号。标题中其余文字则采用统一的行距、字距及左对齐的版式布局。大号字体更是提高了标题的醒目程度。

❸ 标题下的文字字体采用斜体加粗的样式，比标题字号小，使其与标题文字形成鲜明的对比。页面内的文字采用网页字体，而非事先布置在图中的文字。

抠掉背景的黑白照片被处理成带有渐变效果的状态，且布置在标题文字左侧，如同纸媒的版式布局。

布置在照片左侧的文字采用右对齐方式，标题则采用与正文不同的颜色，从而清晰地进行了区分。

大字号的白色数字周围布置有两张照片和居中对齐的文字说明。这里没有拘泥于网格的工整，而采用了自由型版式布局。

⓪② 通过将文字变形带来丰富的样式

"2017札幌国际艺术节"主页采用鲜艳的背景色及横竖排相结合的文字版式。

页面中的文字字号、笔画粗细、位置布局被设计成非整齐的样式，布满首页各个位置的宣传语给用户留下了深刻的印象。

由于该页面采用了响应式网页设计，所以页面中也留出了大量空白区域。

⓪③ 对比鲜明的文字布局

文字字号大小的变化可以赋予文字信息不同的重要性，让不同用途的文字有着鲜明的区别。

在"The Forecaster Interactive"主页中采用衬线类字体与非衬线类字体的搭配，需要突出的文字使用的是大字号的非衬线字体。

页面中的文字按照网格型版式进行布置，充足的空白将各个区域的文字清晰地区分开。这种技巧在文字信息较多的页面中可以发挥有效作用。

⓪④ 恰到好处的行距和字距

适当的行距和字距不仅能让段落美观整齐、让信息便于阅读，还能使用户在阅读时获得舒适愉快的感受。

"MEFILAS股份公司"主页中的宣传文字采用非衬线类字体，通过CSS的text-align:justify;与text-justify:distribute;属性代码进行均匀的布置。同时当鼠标光标放在文字中的特定词语上时，页面就会播放相应的视频短片。

⓪⑤ 使用文字形状的图像、动画蒙版

在图像或视频上覆盖文字造型的蒙版是近年来网页设计中经常见到的样式。

在宣传代理公司"Nurture Digital"的主页中，通过CSS将"Nurture"一词中的每个字母都做成蒙版，并覆盖在背景图像上。其侧面的标题使用了现代风格的粗衬线字体，正文则采用非衬线字体，设置为右对齐的段落格式，同时与标题在字号上拉开差距。

PART5
07 有效运用视频的设计

有效运用视频的设计特点

　　视频可以对文字难以表达的内容进行直观明确的讲解，或展示出静态画面所无法表现出的身临其境的视觉冲击力。

　　另外，网页的主视图使用视频后，可以让整体设计都带有动态效果，易于在后期添加页面信息与提升页面的视觉效果。

　　在宣传类的网站及音乐、设计、艺术等网站中，经常会看到带有视频展示的设计方案。

❶ 采用此设计方式可以实现如下设计目的
· 利用视听表现，对产品或业务进行直观地说明
· 表现人物的印象或空间的氛围
· 展现情节或时机

❷ 插入视频的方法
· 通过视频插件将视频文件嵌入到页面中
· 利用第三方服务（YouTube、Vimeo等）插入视频

   →

视频格式　　Vimeo　　YouTube

01 直观清晰地对产品或服务内容进行讲解

　　视频可以对一些必须通过大量文字描述才能解释清楚的产品或服务内容进行简洁直观的讲解。

1 在APP "Famous" 的主页里，通过一位女性亲手演示产品操作的视频，对相关产品和服务进行讲解。

2 当用户卷屏后，嵌入在页面中的MP4格式的视频就会被读取和播放出来。

　　在手机页面中，视频被调整为适应手机屏幕的尺寸。视频中对该APP的实际操作进行了直观明确的说明。

视频演示了用手指点击手机屏幕或在屏幕上滑动时的样子。

通过视频在手机中演示APP的运行样式，而静态画面是难以达到如此效果的。

视频演示结束后，画面中会出现重放的图标，用户可以重新观看已经播放完的视频内容。

⓪② 营造氛围

在 "TabiChita" 的主页中通过视频对日本知多半岛的魅力进行展示。

视频中展示了半岛上的自然风光和传统民俗，用户在打开网页时会随机播放这些视频，也可以指定视频进行播放。视频中出现了多个被剪接在一起的景点镜头，充分展示出地方风情，使用户得到身临其境般的观赏感受。

"KOtoOYA" 的主页背景布置了色调柔和的视频，向用户展现出该摄影工作室的魅力。

POINT

使用位置: 主视图		声音: 有	
视频时长: 37 秒		循环: 有	
文件类型: YouTube 视频			

"vis-à-vis 股份公司" 的主页中布置有多个人物交谈的视频片段，向用户展示出公司的职场氛围。

⓪③ 展示情节和时机

"小笠原BestMatch" 的主页中布置了全屏的动物动态视频与大自然的景观视频，这种镜头效果是静态照片无法表现出来的。

视频画面上覆盖有一层细密的黑色网点，经过这样的处理后，画面就符合了背景的定位，也掩藏了因控制视频大小而受损的画质。

POINT

使用位置: 主视图		声音: 无	
视频时长: 41 秒		视频大小: 4.8MB	
循环: 有		文件类型: MP4	

⓪④ 让网页给用户留下印象

电影、动画类的宣传网页，以及音乐类网站中都会展示有充满魅力的视频。"AMP MUSIC –From Africa, To the World-" 的页面中展示了歌手在现场演唱的视频片段。点击画面右上方的扬声器图标就可以打开声音。

POINT

使用位置: 主视图		声音: 有	
视频时长: 4 分 52 秒		循环: 有	
文件类型: YouTube 视频			

PART5
08 带有动态特效的设计

带有动态特效的设计特点

网页内的动态效果有两种作用,一种是展现网站理念,另一种是通过互动操作深化用户体验。前者可以是雪花飘落的特效;后者则是点击图标后开始出现视频播放、画面跳转等直观的效果,以及更加明确直观的提示、注意项目的展示。

近年来,除了JavaScript以外,通过CSS3语言也能实现动态特效,丰富了制作动态特效的方式。

❶ 采用此设计方式可以实现如下设计目的

· 拓展网站的理念
· 深化用户操作体验
· 打造游戏式的互动页面

❷ 实现网页内动态特效所常用的语言

JavaScript		CSS3
· jQuery	· ParticleJS	· transform
· Pixi.js	· three.js	· transition
· CreateJS		· animation

HTML5 · Canvas	SVG	WebGL

01 通过程序设计出随时间而变化的背景

让画面上的要素随着时间的推进而变化的效果,是网页设计的一大特点。

在 TAKUMI HASEGAWA (长谷川拓海) 先生的个人主页上,将程序应用到了整个页面的设计中。
❶在HTML的Canvas插件里,通过WebGL绘制出大量色彩缤纷的立方体和三角形作为动态的立体背景图案。
❷通过程序实现背景图案与用户鼠标操作的互动,深化用户体验。
❸背景图案中的各类造型能够随着鼠标光标的移动变化,或随着时间的变化产生出雪花纷飞的效果,或凝缩成球体之类的效果,从而表现出画面的立体感。

灵活运用WebGL所表现的立体效果,展现出具有互联网特色的页面设计。

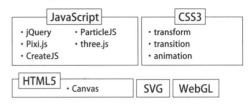
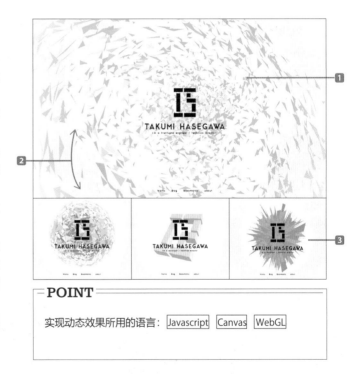

POINT

实现动态效果所用的语言: Javascript Canvas WebGL

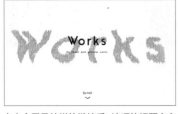

点击全局导航栏的链接后,该项的标题文字就会变成与首页动态背景相同的样式。

进入Works项后,将鼠标光标放置在页面中的链接图像上,该图像就会出现融化特效并露出相应的文字。

由于背景图像是通过Canvas来实现的,所以在手机上也能实现动态特效。

02 在背景中展示纸片飞散的特效

"Premium Concert" 网站在HTML里嵌入Canvas，通过JavaScript制作出纸片飞散的效果。

主视图中圆形图框中的照片也是利用Canvas来实现动态效果的，各种动态特效让页面具有时尚欢乐的氛围。

POINT

实现动态特效的语言：| JavaScript | | Canvas |

03 带有层次感的页面跳转

CSS3 "transform" 中的"translate3d" 或 "matrix3d" 功能通过jQuery来实现，当用户进行卷屏操作时，可以让页面产生后退下降的动态效果。该效果能够在一个窗口内跟随页面尺寸进行变化，让页面跳转变得简单易行。

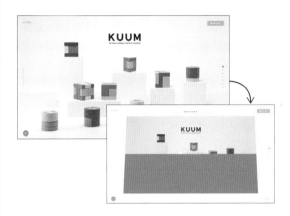

POINT

实现动态特效的语言：| JavaScript | | CSS3 |

04 给文字加入动态特效

在 "Draft股份公司" 的主页里，让SVG动画效果在读取页面数据的时候将网页标志的美术字依次显示出来。如果利用图像格式的美术字作为SVG动画的蒙版，将蒙版按照笔画顺序制作成移动路径，就可再现手写的动态过程。

POINT

实现动态效果的语言：| SVG |

05 制作动态的几何图形

在 "山浦研究室" 的首页背景中布置了多个动态变化的几何图形。

计算机技术及自然科学领域的网站时常会采用类似的设计，以表现出尖端科技的印象。

POINT

实现动态特效的语言：| JavaScript |

PART5
09 展示数据图像的设计

展示数据图像的设计特征

数据图像可以把信息、数据、知识以图像的方式表现出来。

使用数据图像，表格、插图、图表等统计图就会被图像化，无须语言文字的表述，能让用户快速明确了解到网页所要传递的信息。

网页中所展示的数据图像大都与故事形式相结合，通过精心设计的动态效果来引导用户阅读。

❶ 采用此设计方式可以实现如下设计目的

· 将数据以图像化方式展示出来
· 相互关系的视觉化表现
· 直观快捷地展示信息

❷ 数据图像的示例

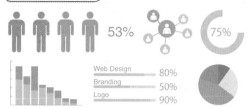

01 通过故事性设计展示信息

在"索尼损保"的主页里，市场调查内容被归纳成信息图像布置在页面中公开展示。2014年展示的"某汽车的一生"就是以数据图像形式制作出来的。

❶ 按照日本一辆汽车平均使用12年的时间进行数据统计，将汽车作为第一人称视角，以故事流程的形式展示汽车的一生。

❷ 首页图像中展示了一段时长为2分40秒的宣传视频，通过声音和视频将信息展示出来。

❸ 当用户进行卷屏操作后，会播放一段汽车行驶在道路上的动画。蜿蜒曲折的道路与动画特效让故事性的信息展示更具观赏魅力。

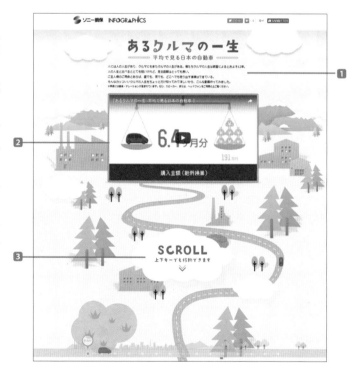

用户进行卷屏操作时，画面左右两侧就会显示出各类插图和信息。数据部分采用了较大字号的文字。

用大阪通天阁和东京晴空塔等特征鲜明的地标性建筑进行说明讲解。

道路的终点迎来了故事的结尾，此时就像读完一本书那样，使用户慢慢开始体会读后感。

02 响应用户点击等操作，显示相应的信息

在展示社会问题的时候，经常会使用信息图像来表现。

在名为"Under the Weather"的网站中，使用信息图像来说明气候变化对人类健康产生了何种影响。设计师利用网页特点，通过鼓励用户进行点击、拖曳等鼠标操作，使其获得相应的信息。如果用户不进行任何操作，页面也就不会显示相应的信息，这种设计让用户获取信息的方式从被动变为主动。

当用户使用手机打开网页时，上述操作就会取消，取而代之的是集中展示出来的各项数据。

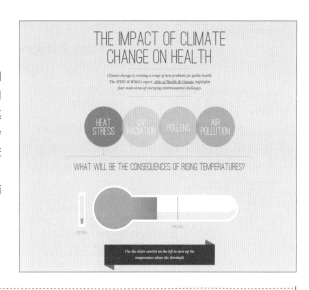

03 带有动态效果的数据易于烘托轻松快乐的阅读气氛

在"JOYSOUND卡拉OK白皮书"的主页中，利用CSS的"transform"属性，将GIF或SVG动画加入数据项目中，用户在阅读时就会感受到轻松和快乐。

当用户向下卷屏后，页面中就会显示出数据统计，同时图表两边的卡通形象开始跳舞。由于网站采用响应式网页设计，因此使用手机也可以查看到这些有趣的内容。

=== POINT ===

灵活运用社交媒体的分享功能，让用户将自己喜欢的内容分享出来。

专栏

能够轻松制作出统计图和图表的Java Script库

数据图像可以用百分比来表现达成率，或者将单位时间内的数据用圆形统计图表现出来，可以说应用领域十分广泛。

下面就介绍几个无须制图，只需几段简单代码就能制作出数据图像的 Java Script 库。

● **Chart.js**

支持响应式页面，能够将统计图自动转换成动画形式。

● **CanvasJS**

在低版本的浏览器中也可以制作精致的自定义图标。

● **Google Charts**

谷歌公司提供的JavaScript库，可以表现线形图效果。

Font Awsome的导入方法

Font Awsome提供了各种网页所用的图标和字体服务。

其种类包括社交媒体类图标、箭头类图标等各种丰富的图标。图标的尺寸和配色通过CSS就可以轻松改变。使用HTML插件直接写入或指定CSS的background属性的方法来实现。

  页面内经常用到的社交媒体图标也可以以字体的方式表现出来，无须置入图片。

Font Awsome的设置

1. 在head里写入下列链接

```
<link href="//netdna.bootstrapcdn.com/font-awesome/4.0.3/css/font-awesome.min.css" rel="stylesheet">
```

2. 在HTML中直接写入或设置为图像

在下面两种方法中选择一种进行设定。

· 写入HTML里

在 Font Awsome 的主页中挑选所需的图标，然后复制 <i> 插件并粘贴到 HTML 中。

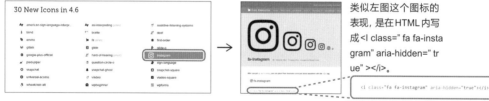

类似左图这个图标的表现，是在HTML内写成 <I class=" fa fa-instagram" aria-hidden=" true" ></I>。

```
<i class="fa fa-instagram" aria-hidden="true"></i>
```

· 设置为图像

如果想设置为图像时，可以选择画面下方列出的 Unicode。

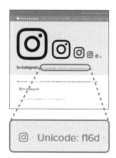

由于该 Unicode 为 f16d，

```
li:after {
        font-family:"FontAwesome";
        content:"¥f16d";
}
```

所以要按照上述方式通过 contentprovider 写入 CSS 中。
※不要忘记写入 "￥"。通过 position 也可以在 provider 里进行配置。
如果是 after 就要将图标配置在后面，是 before 的话则将图标配置在前面。

网页设计的趋势

每一天网页设计的趋势都在不断变化。这一部分将
对如何设计好"当下流行"的网页、版式布局的流行趋
势，以及最新的网页技术进行讲解和总结。

PART6
01 响应式网页设计

响应式网页设计的特点

响应式网页设计是指网页可以根据用户所用平台的窗口大小，通过CSS让版式布局适应当前平台的一种设计方法。

响应式网页设计可以让一个HTML对应多种不同的平台，以恰当的方式展示信息，从登录页开始引入多个网页。

在网页的信息设计和技术结构上，还需要照顾手机用户的使用。

响应式网页设计的画面比例变化

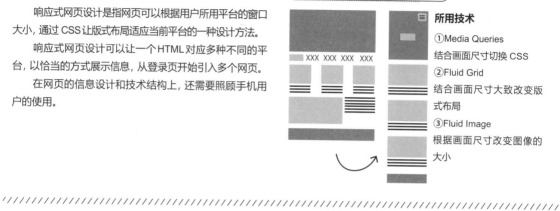

所用技术

①Media Queries
结合画面尺寸切换CSS
②Fluid Grid
结合画面尺寸大致改变版式布局
③Fluid Image
根据画面尺寸改变图像的大小

01 将装饰性文字从网页字体变为SVG图像

在结合画面尺寸调整版式布局的响应式网页设计中，很多要素都是通过CSS来控制的。

1 在"GOODLIFE有限公司"的主页中，设计师使用了网页字体和SVG图像来展示装饰性文字。由于矢量图的分辨率不受放大缩小的影响，当页面中使用这种图像时，可以在保证可读性的同时展现精美的视觉效果。

2 为了能让网页中的图像在高分辨率显示器上也有理想的显示效果，采用了比实际显示尺寸大一些的GIF动画格式。

3 当用户使用手机打开网页时，全局导航栏被整合到汉堡包式菜单中。菜单图标上的三条横线与背景的圆形底图都是用CSS来实现的。

覆盖在图像上的标题配用的是Google Fonts字体，并通过CSS进行装饰处理。

当鼠标光标放在页面中"No"上时，文字的颜色会改变。

使用手机打开网页时，文字的字号和页面布局都会根据手机屏幕的需要进行相应的优化。

⑫ 结合页面中的不同情景改变所显示的信息

响应式网页设计可以根据不同平台的用户所遇到的情景，展示相应的网页内容。

在 "Tree Cafe" 的主页中，只有在其手机版页面中，才会在页面的右上角显示出电话的图标，点击该图标就可以直接拨通店家的电话。

⑬ 支持触摸屏的幻灯片展示

通常智能手机是通过手指触摸进行操作的。

在 "花路姬之" 首页主视图的幻灯片中加入了 "Swiper" 插件，通过插件可以实现划动操作。用手指将照片左右划动，照片就会切换到下一张或前一张。

⑭ 收入汉堡包式菜单中的全局导航栏

在手机用户界面中布置的由若干横线构成的导航图标叫作 "汉堡包式图标"。在 "远藤步" 的个人网站的首页上布置有汉堡包式的导航图标，点击该图标就可以展开全部导航菜单。

⑮ 利用卡片型版式布局以适应不同的显示尺寸

卡片型版式布局能够对不同类型的内容进行区分，优化阅读体验，并扩大链接区域，同时也十分适合制作成响应式网页设计。

"成长毛巾" 的主页中采用了卡片型版式布局，将不同内容分割成大小不同的版块。当用户在PC端浏览器中打开该网页时，页面布局为横向布置；而在手机端打开该网页时，布局就变成了纵向布置。

汉堡包式菜单展开后就可以看到导航栏了。

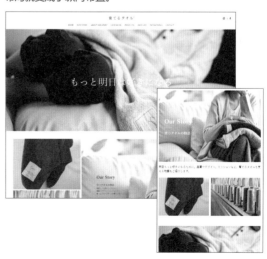

02 网页字体

使用网页字体页面的特点

网页字体是从CSS3开始具有的一项功能。由于服务器上已有字体的数据，即使浏览器不读取PC本地的相应字体，只要有网络字体，就可以在页面中显示出所需字体。

网页字体非常适合在响应式网页中使用，可以无需将文本图像化，即可展示出字体的美观性。采用网页字体后，页面中文字的修改和维护也变得便利了。

网页字体的导入方法

①将字体上传到自己的服务器中

在服务器中上传格式为woff、TrueType、eot、svg格式的字体，并设置在 CSS 内。

※所用字体必须获得授权。

②使用提供网页字体的服务

从提供字体服务的运营商处读取字体的方法。如果使用的是 Google Fonts，可以将字体的源代码读取到 HTML 的 head 中，然后在 CSS 中设置成指定的 font-family 属性。

Webdesign ⟨ 使用 Google Fonts 的 Lobster 字体的效果。

01 通过CSS为配用了网页字体的文本加入装饰元素

配用了网页字体的文本可以通过CSS随意改变颜色、字号。

在 "Play&Produce" 的主页中，使用了名为 "Roboto" 的字体，并将文本颜色设置为由蓝色向粉色过渡的渐变色彩。

另外，标题中的每个字母都被错开布置，字距也被加大。当用户进行卷屏操作时，标题文字就会展现出动态特效。

当页面窗口被缩小时，原本松散布置的标题文字会整齐地排列在一起。类似这样，通过CSS可以对文本进行各种设计。

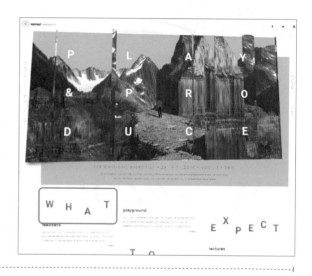

02 文字竖排显示、文字尺寸的缩放功能

"仙台文学馆" 的主页通过TypeSquare的服务，为页面内的文本配用了圆体类的字体。

在文字量较大的页面中，使用网页字体可以让文本的字号具有明显的差异，提高可读性。

1 文本没有转变成图像格式，能够以竖排方式显示。

2 通过 JavaScript，加入了在保持原有文本设计样式不变的同时，进行字号调整的功能。

03　通过宋体类字体表现出日式风格的精致氛围

　　"松风屋股份公司"主页的文字配用了笔画纤细的宋体类网页字体，展现出传统日式点心的精致。网页中的字体没有使用外部链接服务，而是将字体上传到服务器的CSS里。

　　需要注意的是，相比英文，日文中有平假名、片假名、汉字三种书写方式，因此配用的字体信息就比英语字体要多，也就是说会导致页面读取速度相对慢一些。

04　为英文和日文配用不同的网页字体，表现出鲜明的对比

　　相比日文的网页字体，网络上免费提供的英文网页字体更加丰富多样。

　　"SEKAI向未来扩展WEB杂志by东进"主页中的字母数字使用的是叫作"Montserrat"的网页字体，日文部分使用的是"新黑加粗"体的网页字体。

　　对不同的文字使用不同字体的设计可以打造出鲜明的对比效果。

专栏

提供网页字体服务的网站

● **Google Fonts**

可以免费使用。该网站提供的字体以英文字体为主，但也提供其他语言的字体。对应"Noto Sans Japanese"等字体。

● **Fonts.com**

该网站提供的字体服务采用部分收费的政策，免费部分则会展示页面广告。网站以英文字体为主，用户可以获得诸如"Helvetica"之类的著名字体。

● **Adobe Typekit**

采用部分收费服务的字体网站，提供英文、日文等各种语言的字体，Adobe Creative Cloud的用户可以免费使用。

● **TypeSquare**

部分收费的字体网站，提供丰富的日文网页字体。

● **FONTPLUS**

付费使用的字体网站，提供MORISAWA、MOTOYA等800种以上的日文网页字体。

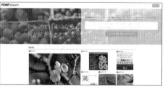

● **FontStream**

付费使用的字体网站。该网站对使用数量和访问数量没有限制，每次进入该网站都可以在许可范围内使用多种日文字体。

03 分屏式设计

分屏式设计的特点

分屏式设计是一种从画面中间将页面内容进行分割, 从而实现对两部分内容分别进行操作的页面布局方式。

这种布局方式能够在大尺寸显示器中有效利用多余的显示空间, 或者设计出只有两部分画面才能够实现的效果。

不过对于一些不习惯动态表现方式的用户来讲, 分屏式设计可能会让用户产生使用不便的感受。所以通过一些窍门, 使其在使用中可以重新变为一幅完整的画面也是需要考虑的地方。

画面迁移的示例❶

点击画面①或画面②中的按钮, 其中一幅画面就会横向覆盖到另一幅画面上。

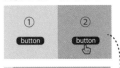

画面迁移的示例❷

画面①固定不动, 只有画面②可以进行卷屏操作

画面迁移的示例❸

画面①和画面②可以分别进行卷屏操作

01 在两部分画面中布满各种信息

分屏式布局的一个特点是不浪费画面中的每一寸空间, 充分展示各类信息。

1 网页杂志 "Good Morning Sunshine" 的主页左侧固定展示当前一期的封面, 右侧用于展示本期的具体内容。用户可以在页面右侧通过卷屏操作阅览其他内容。

2 点击全局导航按钮, 页面就会向右展开, 显示往期内容。这个区域的背景色与菜单上的标记颜色相同, 让用户可以迅速了解当前页面与菜单之间的关联。

3 点击画面左上角的 "×" 图标, 当前页面内容就会向左收起。

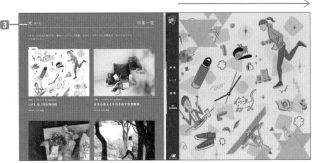

进入具体的版面后, 页面左侧区域固定的是主视图, 右侧可以卷屏阅览当前的文章。

著作权等信息被布置在页面右侧各篇文章的下方。

使用手机浏览该网页时, 全局导航栏被固定在页面顶端, 主视图的展示被取消, 取而代之的是各篇报道的封面。

② 对比展示页面两侧的内容

在 "Dropbox" 的用户引导页中，采用分屏的方式，将用户入口和管理者入口分别布置在页面的左右两侧。

页面的高度为固定式，按下开始按钮后，画面就会向左滑动。用户可以分别操作页面两边的区域进行阅读。

③ 左侧展示宣传视频，右侧搭配讲解文章

在手机银行 "Zero" 的主页中，页面左侧是银行卡和智能手机的视频演示，右侧是简洁的产品说明。

点击左侧画面中的播放按钮后，画面会向右侧展开，随后开始播放宣传视频。如果使用手机打开该网站，分屏的双专栏型布局就会变为单专栏型布局。

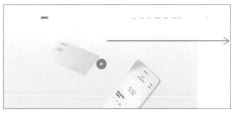

④ 在页面面迁移时加入画面旋转的动态特效

在"Renate Rechner"的主页中，当用户进行卷屏操作时，当前画面会通过旋转的动态特效切换到下一幅画面中。

简约的分屏式布局更是需要这种设计要素来彰显所展示内容的魅力。

⑤ 针对手机页面进行优化

采用分屏式布局的网页，也可以加入响应式网页设计。

"henteco～森之西点屋" 的主页采用了分屏式布局，当用户使用手机打开该网站时，原本位于画面右侧的内容会自动移动到左侧位置主视图的下方。这样的设计在保持了PC端设计样式的同时，也照顾到了手机用户使用的便利性。

PART6
04 扁平化设计和材料设计

扁平化设计和材料设计的特点

网页设计的趋势每年都在变化。

在视觉效果上塑造与日常物品相仿、重视操作性的"仿实物设计",以及功能性,刻意去掉了质感、立体感等视觉效果的"扁平化设计"是当前的主流。

此外,谷歌公司还提出了一种在简约的扁平化设计中加入少量仿实物设计要素的"材料设计"概念。这种设计不仅强调视觉表现,更加入了对操作性的要求。

仿实物设计

受写实风格影响,模仿真实视觉效果或操作感的设计风格。

扁平化设计

去掉质感和立体感,强调功能性的简约设计风格。这种设计注重内容本身,还能减少页面的读取时间。

材料设计

在扁平化设计的基础上,增加了一定的仿实物设计要素。在APP "MelodiCAL"中,点触数字按键,屏幕上就会展示出波纹的动态特效,这样的特效会带给用户相应的触感反应。

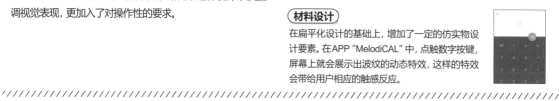

01 适合各种不同平台的扁平化设计

扁平化设计中没有渐变的色彩和夸张的阴影,质感、立体感也被尽可能削弱。其特点是通过简洁的图标型布局或网格型版式让画面中所展示的信息清晰明了。

在"Ditalia"的主页中布置有色彩鲜艳的底色和照片,链接按钮由粗线条和文字构成。简约的扁平化设计非常适合与响应式网页一起搭配,以对应各种不同平台的要求。

02 使用色相、亮度带有鲜明差异的配色

为了让用户能够快速有效理解网页中的信息,除了采用能让页面中各个要素有着明确区分的扁平化设计外,配色方面也会采用差异鲜明的色彩搭配。

在"乐商"的主页中,使用无彩色的白色和灰色作为底色,在标题等重要位置上布置了藏青色或红色的色块,利用色相和亮度的差异,让各部分要素相互衬托。

当鼠标光标放置在网页中的各项按钮上时,就会出现按钮底色改变的动态特效。简约带来的影响是按钮的识别特征不够明显,这也是扁平化设计的一个弊端。

◎03 加入高度的概念，模仿如同纸张和油墨质感的材料设计

相比二维的扁平化设计，材料设计中还多了一个 Z 轴的高度概念。体现在设计中就是布置在背景上的各类项目，就像叠加在一起的纸张，会产生出厚度和阴影的效果。同时，当鼠标光标放置在任意项目中的图像上时，图像就会出现放大的动态效果。点击相应的项目，图像上还会出现水波扩散的动画特效。在这种能够对用户操作进行反馈的设计中，动画特效发挥了重要作用。

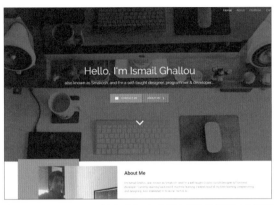

在 "Smakosh-Portfolio" 的主页中，各种要素的边缘都设置色彩清淡的阴影效果，展现出带有层次感的设计效果。点击任意项目时，该项目上就会出现浅蓝色波纹的动态特效。

在 "Plan My Holiday" 的主页中，最能体现材料设计特征的就是画面右下角的圆形 "+" 图标，当鼠标光标放置在该图标上时，几种常用的社交媒体图标就会向上展开。

专栏

采用材料设计语言的示例网站

2014 年 6 月，谷歌公司发布了具有全新用户体验的材料设计语言。这种设计是在扁平化基础上增加了 Z 轴的高度概念，通过阴影、渐变等效果，让画面中的各个要素具有层次感，同时还赋予其动态特效。

这种设计不仅带来了视觉上的变化，还让画面具有触觉效果，能够将操作结果直观地反馈给用户。如今材料设计语言已经成为谷歌公司的设计思想，也可以说是一种基础框架。

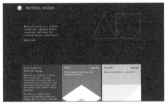

● **Material Design**

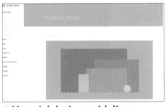

● **Material design guidelines**

● **MaterialUp**：设计、动态特效的样本集锦

● **Material Design Lite**：基础框架

● **Materialize**：基础框架

● **Material-UI**：基础框架

05 微交互式设计

微交互式设计的特点

微交互设计能够告知用户系统的运行状态、将操作变为可视化的样式，在网页的功能性设计中是十分重要的一环。

微交互设计是指当用户进行某项操作后，页面会反馈给用户一个小的动态表现。

通过反馈，用户就能够对自己的操作结果有清晰地认知。在今后的网页设计中，不仅要注重"外观"的表现，也要重视"使用便利性"的要求。

微交互式设计的示例

点击后圆环向外扩展

告知用户读取时间结束

点击后图像放大

标明当前播放的曲目

01 用户操作触发的动态特效

微交互式设计的广泛采用，鼓励着用户在网站中不断进行操作。

1 "FisTouch,Inc." 的首页中央布置了一个带有动画特效心形图标，以此吸引用户点击。

2 点击图标中间的圆环，图标就会被起泡状图案构成的圆圈环绕起来，当气泡散去后，就会展示出企业的商标。同时开始播放背景中的视频。

3 导航栏被隐藏在汉堡包式菜单中。菜单图标上显示有当前页面的名称，点击该图标会出现滑动式开关的动态特效。

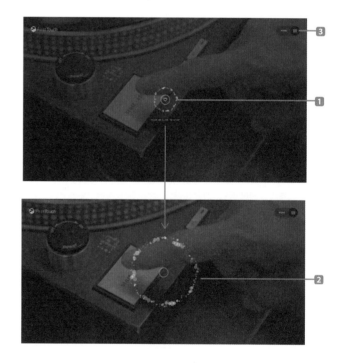

打开菜单后，页面右上角的图标就会变为"×"的符号，一同展示出来的CLOSE字样，让其功能更为直观。

左右迁移的按钮通过半透明的线条连接，点击后，其中的箭头图标就会开始旋转。

将鼠标光标放置在按钮上后，按钮的图标就会演示颜色由中央向外侧扩散的动画特效，让用户获得操作的反馈。

⓪② 能预示下一步变化的动画特效

如果让用户在点击链接之前，了解到点击该链接后会出现什么效果，就可以为用户创造出轻松愉悦的网页浏览体验。

在 "MIKIYA KOBAYASHI" 的主页中，为了吸引用户在网页中进行各种浏览操作，当用户将鼠标光标停留在任意链接图像上时，该图像上就会以动画特效的形式展示出简短的文字，对链接中的内容进行说明。

"scroll" 的字样下方会有一条左右不断移动的线条，以吸引用户进行进一步操作。

⓪④ 展示系统的处理状态和运行状态

"Studio Meta,agence Web à Strasbourg" 的主页在读取画面和页面迁移的状态中，都设计了微交互的动画特效，让用户了解到当前页面运行到了哪一步。

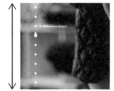

页面迁移时，相应的圆点也会移动到下一个位置上。

进度条的颜色会根据页面数据的读取量产生相应变化。

⓪③ 连接上一页信息的同时跳转到其他页面中

"A-dam Underwear" 主页中的商品说明里通过采用微交互设计，提高用户对于商品的兴趣的同时，促进用户主动对说明内容进行了解。

当用户点击产品照片上的 "+" 图标时，该照片就会放大显示，并展示出说明文字。这时点击画面右上方的 "×" 图标，画面会回到之前的状态。

专栏

从手机APP的UI中学习微交互的应用

为了增加小尺寸画面的利用率，手机 APP 会通过丰富多样的微交互特效来装饰链接按钮或信息的转移。在经营手机 APP 开发服务的 "SFCD" 公司的网站中，介绍了其开发的各种 APP 用微交互动画特效。

PART6
06 品牌主视觉设计

品牌主视觉设计的特点

"品牌主视觉"设计是指，让用户在网站的首页中就能看到大幅的图像、视频等内容所产生的特色鲜明的表现。

有些网站会在品牌主视觉的画面中加入全局导航栏或企业标识等内容。

品牌主视觉具有强烈的视觉冲击力，不仅增强了网站的特色效果，还能在用户心中留下深刻印象。

品牌主视觉设计的基本结构

一些方案会在画面中布置全局导航栏或其他功能性菜单。

布置在主视图的背景位置上

图像
· 照片（1张或多张幻灯片方式的图片）
· 手绘插画

视频
· YouTube 视频链接
· MP4 格式的视频等

提示用户进行卷屏操作的图标

01 将网站商标布置在画面中央

"acumo针灸医院＋正骨医院"的首页采用了品牌主视觉设计。

1 首页的背景是一张分辨率达到1684px×900px的照片，通过 background-size:cover; 属性使其充满整个画面。

2 布置在画面中央的白色网站商标通过动画特效，展示出字母被依次写出的效果。在演示商标的动画特效的同时，背景图像会向后收缩，吸引用户的视线向画面中央的商标位置集中。

3 该网站的首页中还展示了联系电话、社交媒体预约渠道，以及引导用户卷屏操作的提示标志。同时画面上部中间位置布置有全局导航栏的按钮。

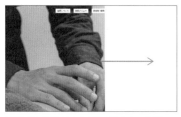

页面读取完毕后，画面就会像窗帘一样拉开，从左向右展示出相关照片。

网站商标上连贯流畅的动画特效是通过CSS3的transform属性来实现的。

在手机版的页面中，全局导航栏被整合在汉堡包式菜单中。同时加大了网站商标与社交媒体按钮，使其更加醒目。

02 在页面下方布置闪烁的箭头，提示用户还有其他内容

通常品牌主视觉设计会占据整个页面，所以有时用户会难以发现主视觉以外的页面内容。

为此很多采用了品牌主视觉设计的网页都会在页面下方布置一个提示用的箭头图标，或直接标注上"Scroll"的字样，提醒用户卷屏后还有可以阅览的内容。

"MVNS DESIGN"的主页中就在首页下方布置了一个闪烁的箭头标志，以提示用户还有其他内容。

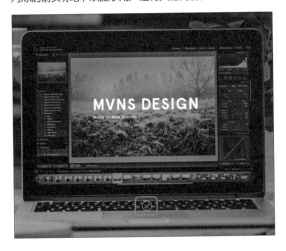

03 通过视频展现实景魅力

大幅的视频画面能够给用户带来电影一般的观赏效果。

在"夕阳映照下的民宿 汐美莊"的主页背景中，通过YouTube的视频链接展示了一段时长94秒，介绍店铺设施、环境、餐饮等内容的宣传片。

在视频上覆盖有白色文字构成的企业商标和全局导航栏，并布置了一个带有渐变效果的预约按钮。

04 视频与照片结合在一起的幻灯片

在"Storq"的主页中，布置了模特身着孕妇服装的视频，向用户展示服装的实际穿着效果。

视频结束后图文混排的幻灯片就会被展示出来，并通过动态线条提示用户当前内容以外还有其他可阅览内容。

05 即使是在手机画面上也要展示出全屏效果的品牌主视觉设计

在"弁天堂"的主页中，通过带有淡入淡出效果的幻灯片，向用户展示出自家的糕点展品照片。

如果用户在手机上打开网页，页面就会自动变为竖排布局，同样展示全屏的照片，让小画面也具有视觉冲击力。

PART6 07 视差设计

视差设计的特点

网页设计中的视差效果,是指页面内各项要素能够结合用户的操作展现出相应的动态效果,在展示页面内容的同时,还能有效吸引用户的一种设计。

视差效果的动态表现可以让网页内容具有故事一般的流动性,对于宣讲资料这样的内容,能够让每一条信息都能产生出鲜明的印象。

近年来视差效果都是通过CSS3的"animation""transition""transform"等属性与jQuery结合的方式来实现的。

视差设计的思路

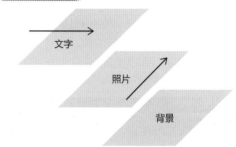

各个要素随着卷屏操作,在不同层面和不同时间上依次展现出来。

---

01 推进阅读的故事性流程

不少网站都会在其着陆页中采用具备故事性的视差效果设计。

1 "Dolox , Inc." 的主页通过脚本设计,可以让背景色随着时间的变化,在红色、绿色、蓝色之间进行变色。

2 当鼠标光标放置在页面右下方不断跳动的手指形图标上时,该图标就会变为 "Next Page" 的字样,点击后就可以跳转到下一页。

3 页面内容会沿着中间的线条,以动画特效的形式依次展现在线条的两侧。

通过精心设计,当用户进行卷屏操作时,中间的线条也会随之延长,从而进一步提高了对用户的吸引力。

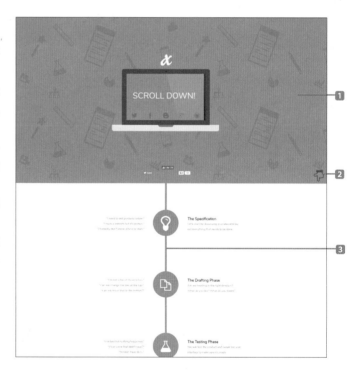

火箭的动图会随着卷屏操作而运动,不断显示出不同的内容。到最后,火箭会变为一个图标。

随着卷屏操作,页面内容会按照左右的顺序依次显示出来。

地图上运动的圆形图标到达目的地后,就会出现波纹闪动的动画特效。

02　通过时间差展示页面要素，将用户的注意力吸引到宣传要点上

视差设计可以让页面中各项要素以不同的时间显示出来，对于想要强调的文字或图片来讲，这是一种非常有效的方法。

当用户在 "True Digital" 的主页中进行卷屏操作时，画面中央就会通过动画特效显示出照片，并在左右显示出文字内容。这种以动态方式展示信息的方法，能够让用户更加快捷地理解页面中所展示的内容。

03　像连环画一样依次展现页面内容

在 "旅工坊股份公司" 的主页中为页面跳转加入了连环画式的切换效果。

当用户从首页主视图位置进行卷屏操作时，一个白色卡片型图框就会将照片展示出来。照片展示完毕后，会通过动画特效将照片向中心位置缩小。

04　连续的动画片段与说明文字的结合

在 "Wealthsimple" 的主页里通过硬币不断滚动的动画效果，引导用户进行卷屏操作。

网站中每一个页面都由硬币滚动的动画和简短的文字说明两部分构成，用户必须阅读到文章末尾才能进入下一页进行阅读。

专栏

能够实现视差效果的jQuery插件示例

下列网站中都通过jQuery插件实现了视差效果的设计。读者可以根据需要进行相应的参考。

需要声明的是，本专栏不会对jQuery的使用方法进行讲解，请通过其他途径了解其使用方法。

· Skrollr

· Fade This

· Scroll Me

· WOW·js

· Scroll Reveal·js

使用jQuery定位卷屏的位置，并通过CSS3来实现动态效果，这是一种相对简便的能够为页面要素赋予动态效果的方法。

PART6
08 双色调设计

双色调设计的特征

双色调设计是指通过两种鲜艳的进行搭配的设计样式。

双色调的视图带有强烈的视觉冲击力，如果是对比强烈的照片或特写照片，可以为其配用互为补色的两种颜色，构成双色调设计。

可以通过Photoshop的渐变功能及Colofilter.css、jQuery Duotone等属性来实现双色调效果。

双色调设计的结构

对比鲜明的照片 　　　　　　　　　分成两种鲜艳的色调

由绿色调和粉色调构成的双色调照片

01 让主视图中的图像具有视觉冲击力

双色调图像能给予用户强烈的视觉冲击力。

① "NewDealDesign"的主页中布置了由蓝色和鲜艳的粉色构成的双色调图像，两种对比鲜明的颜色产生了十分醒目的效果。

② 页面中的文字采用白色的配色和粗笔画的字体，在背景图像的衬托下显得更加突出。

02 通过程序改变配色

当用户在"symodd"的主页中进行卷屏操作时，由CSS控制的背景图像就会变为双色调状态。由于该网站采用单专栏型的简约布局，所以需要通过动画特效和背景色变化来吸引用户继续浏览。

这种颜色变化的模式，可以分为根据操作所触发的颜色变化，以及根随时间变化而触发的颜色变化等。

03 图标背景中的双色调配色使其成为页面中的重点

"东京农业大学"主页上的学校标志采用了蓝绿色和黄绿色构成的双色调配色，让标志本身具有了强烈的视觉冲击力。

标志的下方布置了黑色背景的全局导航栏，但并不是以纯黑色简单填充，而是采用半透明的方式，与上方双色调的图标构成色彩上的平衡。

双色调图像的制作方法

使用 Photoshop 的"渐变工具"就能简单快捷地制作出双色调图像。

Step1

在 Photoshop 中打开需要处理的图像。

※尽量选择对比鲜明的图像。

Step2

从 Photoshop 的"图层"菜单中执行"新建调整图层"里的"渐变映射"命令,制作出调整图层。

Step3

在"渐变色板"中点击所需的渐变样本,可以打开渐变编辑器的窗口。

在设置中选择 2 种颜色❶。

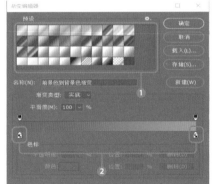

Step4

双击渐变色条左右两端的滑块,在弹出的调色板中分别指定一个鲜艳的颜色❷。本示例中使用的是粉色和蓝色。

※尽量选择互为补色关系的颜色,以增强对比效果。

Step5

点击"确定"按钮,使该渐变色彩作用于调整图层中。

除了 Photoshop 能够制作双色调图像外,也可以使用程序的方法来实现。

请参考下列页面中的方法。

- colofilter.css
- jQuery Duotone

PART6

09 文字竖排的版式设计

文字竖排的版式设计特点

在英文等西方文字中是没有文字竖排习惯的，这是汉语圈中特有的文字版式。竖排的文字能够表现出传统文化的特色，同时让文字内容带有小说的风格 (译者注：日本的文学类图书基本都采用竖排版式)。

以前想要在网页中实现文字竖排的效果，是通过置入图像或通过 JavaScript 来实现的。如今 CSS3 的 writing-mode:vertical-rl; 已经开始在各大主流浏览器中普及，也就是说现在通过 CSS 就可以在网页中实现文字竖排的版式设计。

通过CSS进行文字竖排的方法

通过CSS进行文字竖排的方法

writing-mode: vertical-rl

竖排版式下字母数字的样式

text-orientation:

mixed
汉字为纵向、字母为横向

upright
汉字为纵向、字母也是纵向

sideways
汉字和字母都是横向

mixed
汉字为纵向，English、数字 12 为横向

upright
汉字为纵向，English、数字 12 也为纵向

sideways
汉字、English 和 数字 12 均为横向

---

01 通过书法字体或宋体的文字竖排来展现日本传统风格

在 "铃乃屋和服 ORIGINAL COLLECTION" 的主页中布置了象征日本传统文化的和服照片及竖排的文字。

1 布置在页面中央的网站标志采用书法字体书写，并且压住了和服照片的一部分。同时横排版式的 "Vol.37" 的文字则设置为较小的字号，以取得视觉效果上的平衡。

2 页面导航栏采用从右向左的竖排版式，每一列文字都通过虚线与其假名 (译者注：相当于读音) 标注连接在一起。

3 文字说明的篇幅不大，但左右两侧留有大量空白，文字上方居中的位置布置了标题。两者都配用了宋体类字体。

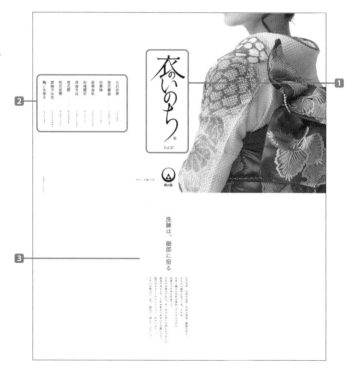

在信息量较大的部分，竖排的文字需要计算好尺寸以符合画面的大小。

文本中的信息通过横线被分割成上下两部分，价格则采用纵向排版的文字来展示。

适当调整了字号和布局后，在手机页面中也能显示出竖排的版式了。

⓪② 竖排文字与网页字体的组合

"热海 大观莊"的主页通过竖排的文字版式，以及大幅的背景照片，搭配金色和黑色的配色来彰显高级温泉旅馆的特色。

主视图左侧竖排版式的宣传语采用了手写风格的网页字体，因此在手机页面上也能够正常显示，只是字号会相应缩小，但依然保持了竖排文字的精美版式。

⓪③ 导航栏中竖排的汉字与英文字母的版式设计

在"完美"的主页中，右上方位置的全局导航栏采用竖排版式并配以汉字所用的宋体类字体和字母所用衬线字体，表现出精美雅致的效果。页面中的说明文字采用横排和竖排相结合的版式构成。

━ **POINT** ━━━━━━━━━━━━

所有文字在进行竖排的时候，都需要在 CSS 中添加 text-orientation:upright; 属性。

⓪④ 结合浏览器尺寸的设计

"NOVARESE"主页中的文字采用竖排版式，标题布置在细线框中，文字留有充裕的行距。

与横排版式不同，竖排版式的文章回行是横向展开的，因此需要根据浏览器可显示面积计算好断句回行的位置。

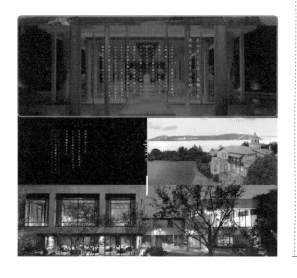

⓪⑤ 通过手机访问时竖排版式会变为横排版式的设计

通过CSS实现文字竖排的优点在于，能够根据设计方案或浏览器的可显示面积对文章的段落版式进行控制。

为了照顾到不同设备上文字的可阅读性，"料亭麒麟"主页中的文字采用了在PC端上时为竖排版式，而在手机端上时改为横排版式的显示方法。

使用可更新编辑的WordPress

很多用户都会选择能够自行更新编辑的免费博客平台。根据"Historical yearly trends in the usage of content management systems"在2017年1月的统计，全世界约27.4%的网页是通过WordPress平台制作的。由于WordPress可以像更新博客一样对网页内容进行编辑，所以无须专业的编程知识即可完成网页的建立。通过该平台，用户不仅可以制作出原创的页面，也可以对已有页面进行编辑更新的操作。

便于使用的插件

无论在WordPress的设置界面的插件管理中，还是通过搜索插件名称，都可以方便地导入或追加插件功能。

- Contact Form 7
  能够在页面内设置问题解答检索框。

- Contact Form 7 add confirm
  在发送到Contact Form7之前增加一个确认的画面。

- Easy FancyBox
  在点击图像或YouTube之类的媒体链接时，使相应的影像画面在当前页面中放大显示。

- Breadcrumb NavXT
  实现面包屑导航列表的自动生成。

- WP-PageNavi
  在生成存档页中自动生成所用页面。

- PS Auto Sitemap
  自动生成页面地图。

- Google XML Sitemaps
  制作面向搜索引擎的XML网页地图，新内容上线时可以自动更新。

- PuSHPress
  当信息被上传后，立刻就能被谷歌搜索引擎检索到。

- Advanced Schedule Posts
  在相同URL上传不同内容的信息，可以覆盖之前已经上传的信息。

- Duplicate Post
  对信息进行复制。

- TinyMCE Advanced
  扩展WordPress的编辑功能。

- Infinite-Scroll
  实现无限制的卷屏操作，能够不断读取下一页的内容信息。

- Advanced Custom Fields
  增加投稿页面中的投稿框种类，以及实现定制投稿。其收费版本中有更加方便的功能可供选择。

- All in One SEO Pack
  针对搜索引擎优化的各种设置。

- Parent Category Toggler
  选择了子分类后，会自动对照父分类。

- BackWPup
  备份WordPress的数据。

- WordPress Related Posts
  自动显示相关信息。

- Redirection
  能够设置301重定向。

POINT

插件越多，页面的读取速度就越慢，而且有些插件之间还会相互冲突，使用时请仔细检查。

网页各个要素的设计

这一部分将对网页中的页眉、页脚、标题等设计要素
进行分类讲解，介绍各个要素的配置方式、版式设计。当
在具体要素的制作上遇到困难时，请参考本部分内容。

01 页眉

页眉的区域是网页的起始位置。通常布置有商标、全局导航栏，以及全屏的大幅照片或视频。有些设计也会采用根据操作而变形的页眉样式。

01 商标×全局导航栏×副导航栏的构成

构成要素：**1** 左侧商标×**2** 全局导航栏

构成要素：**1** 左侧收放式全局导航栏×**2** 左侧商标×**3** 右侧社交媒体图标×**4** 右侧导航栏图标

构成要素：**1** 左侧商标×**2** 右侧全局导航栏＆副导航栏图标

构成要素：**1** 左侧商标×**2** 右侧全局导航栏×**3** 右侧副导航栏

构成要素：**1** 中央商标×**2** 左右全局导航栏×**3** 右侧副导航栏

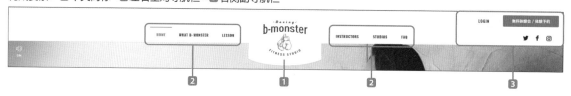

构成要素：**1** 中央商标×**2** 左右全局导航栏×**3** 左上方企业宣传语×**4** 右上方副导航栏

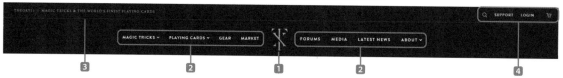

构成的要素：**1** 中央商标 ×**2** 左右副导航栏 ×**3** 中间下方全局导航栏

构成要素：**1** 中央商标 ×**2** 中央全局导航栏 ×**3** 右侧收放式全局导航栏

构成要素：**1** 中央商标 ×**2** 左侧收放式全局导航栏 ×**3** 右侧副导航栏

构成要素：**1** 中央商标 ×**2** 中央全局导航栏 ×**3** 左上方副导航栏 ×**4** 右上方社交媒体按钮

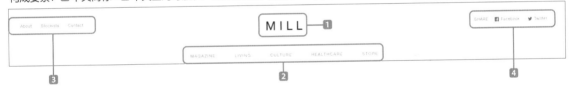

○2 采用大尺寸视频和图像的品牌主视觉设计

构成要素：**1** 左侧偏上方商标 ×**2** 左侧偏下方宣传文字和标题 ×**3** 右侧收放式全局导航栏

构成要素：**1** 全屏视频 ×**2** 中间商标 ×**3** 右下方社交媒体图标 ×**4** 左下方全局导航栏

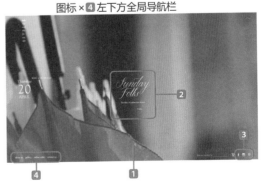

②2 全局导航栏

全局导航栏的作用是让用户能够进行返回操作，快速进入相关页面。
全局导航栏在设计上需要满足查找简单、上手容易等特点。

①1 可收放式菜单

借由手机网页的设计，近年来一些PC端的网页也开始将全局导航栏布置在汉堡包式菜单（由三条横线构成的图标）中。点击图标，全局导航栏菜单就会从页面的一侧展开。在有的设计中，全局导航栏会展开到整个画面中。

②2 从左侧展开的导航栏

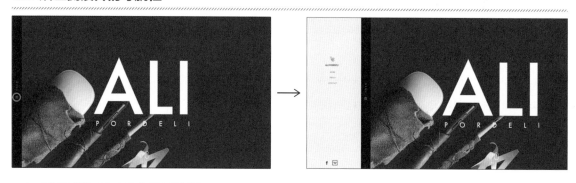

③3 展开到整个画面中的导航栏

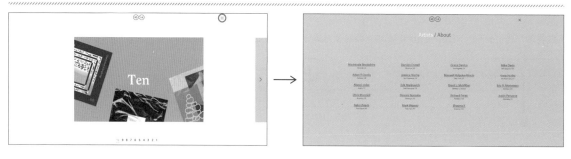

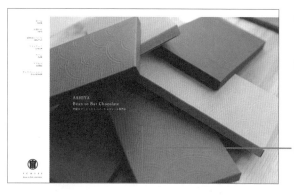

④4 固定在左侧的导航栏

结合纵向布置的内容，全局导航栏也被按照上下的顺序布置在页面左边，页面右侧的内容可以进行卷屏操作。

只有页面右侧的内容能够进行卷屏操作

⑤ 简约的画面中布置的文字菜单

由简洁的文字构成的全局导航栏能够让画面具有清爽的视觉效果。

在"emperor"主页的大幅背景图像上,布置了采用白色文字构成的菜单,并采用了追随页面式的设计。当用户进行卷屏操作后,菜单的背景会变为白色,菜单文字则变为藏青色。

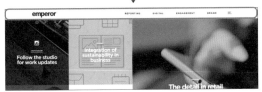

⑥ 便于识别的带图标菜单

医院之类提供公共服务的网站面对的是各个年龄层的用户,为了能够让用户快速清晰地了解网页中的内容,就需要大量使用图标作为辅助。

在"医疗法人 樱十字医院"的主页中,有关诊疗方面的导航栏上都附带了相应的图标。

当鼠标光标放置在图标上时,图标就会演示出图标变色、放大的动画特效。

⑦ 将副导航栏整合进标签式的菜单中

电子商务网站会通过包含有多级副导航栏的菜单来展示其繁多的项目分类。采用标签形式的副导航栏是这类网站常用的设计方式。

当用户将鼠标光标放置在"Protest Sportswear"主页的父类别名称上时,就会展示所有相关导航栏。还有一些网站采用的是菜单标题与分类图像相结合的设计方式。

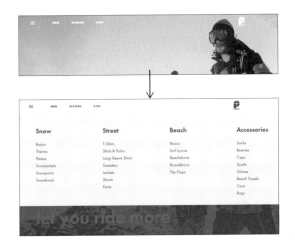

⑧ 卷屏操作过程中可改变造型的菜单

"Healthcare Iot Consortium"主页上部由文字构成的导航栏,在用户进行卷屏操作后,就会收缩到汉堡包式菜单中,并追随屏幕移动。

当用户点击汉堡包式菜单时,就会从页眉位置向下展开一个圆弧形背景的全局导航栏。这样的设计是为了让手机用户也能获得良好的使用体验。

03 标题

以前由各种艺术字构成的标题，多采用图像的形式布置于网页中。目前，标题则以网页字体的文本居多。

01 配用网页字体的标题

通过网页字体，可以制作出由汉字与字母混合构成的标题。

WHAT'S NEW
ニュース、特集、連載の最新情報

02 附带背景色

在文字标题的底部衬上背景色，也可以采用在标题左侧布置一个色条的设计方式。

ケガの治療、ここがポイント！

03 竖排

使用 CSS3 中的 writing-mode:vertical-rl;就可以实现竖排的文字标题。在展现日式风格的网站中经常会采用这种设计。

ごあいさつ

04 下横线

在汉字和字母混合而成的标题下方加入横线的装饰，可以让标题显得更加醒目。

お問い合わせフォーム

SHOP LIST
店舗一覧

05 采用手写风格

如同彩色铅笔绘制的手写风格标题。

Menu
メ ニ ュ ー 料 金

06 黑色文字搭配彩色阴影/白色文字用黑色描边

带有不同色彩阴影的标题，以及用黑线描边的白色文字都具有流行时尚的风格。

INTERN
インターン
憧れのおとなに会いに行った学生に密着！

07 虚线

在标题下方加入虚线装饰，能够有效区分标题与其他内容。

アクセス　Access

08 荧光笔效果

"札幌啤酒股份公司"的主页中为了对黑色文字进行强调，在文字后面衬上了高亮度色条，就像用荧光笔在文字上画的线条一样。

早朝の空港にチーム集結。
養殖ブリの名産地へ、いざ出発！

09 附带图标

在标题上布置与内容相关的图标或装饰性图标。

お気軽にお問い合わせください

思い出の作品
GALLERY

PART 7
04 按钮、图标

各类按钮图标和返回页面顶部链接的效果设计，对于引导用户进入次级页面、其他页面，或返回页首有着至关重要的作用。

01 带背景色和阴影的按钮

当鼠标光标放置在按钮上时，按钮会与阴影的投影方向稍微错位一点，表现被按压下去的效果。

02 带线框的按钮（直角、圆角）

当鼠标光标放置在带有线框的按钮上时，其背景色会发生变化。

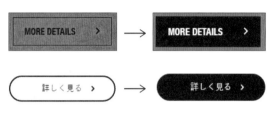

03 圆形按钮

当鼠标光标放置在按钮上时，其中的照片转变为文字，向用户说明链接中的概要。

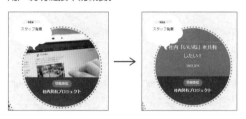

04 带图标的按钮

带图标的按钮。

05 向上的箭头一般作为返回页面顶部的导航按钮使用

点击类似这种在页面右下方的朝向上方的箭头，就可以回到首页顶部。

06 由卡通形象或插图构成，配以动态效果的返回页面顶部导航按钮

当用户点击按钮后，图标会展现出动画特效，同时回到页面顶部的导航按钮。

在展示门诊时间、公司概要、收费项目等信息上，能够汇集各种信息，让用户能够一目了然的表格是经常被用到的要素。常见的设计中，表格中的标题会带有背景色或使用加粗字体，与其他的信息有着显著的区分。

01 加粗表格标题的字体，添加背景色

为标题衬垫背景色，并加粗标题字体，能够让右侧数据与标题的关联性一目了然。

開館時間	10時～20時
	※イベント開催時は22時まで
休館日	毎週火曜日、年末年始
	※火曜日が祝日の場合は翌日

02 不同背景色的交替布置

在行数较多的表格中，加入交替布置的不同背景色，可以提高表格的可读性。

診察時間	月	火	水	木	金	土	日/祝
9:00～12:00	●	×	●	●	●	●	●
15:00～19:30	●	×	●	●	●		● 18:00まで
20:00～23:00 (夜間救急診察)	火/日曜日・祝日以外の20時～23時出来る限り夜間駆急対応致します。まずは、お電話下さい。別途時間外料金がかかります。

03 以虚线加以区分

通过CSS将表格分割线改为虚线，使表格看起来具有亲和力。

バス協力費	バスで移動することがありますので、月1,000円を頂きます。通園バスをご利用の方は、月3,000円が必要です。
暖房費	冬　年間2000円を12月と1月に1000円ずつ頂きます。
食費費	年間4000円を5月・7月・9月・11月に1000円ずつ頂きます。冬のお味噌汁やおやつ、畑の園種など、光熱費なども含まれます。
保育時間	月～金曜日　9時～3時 (前後30分無料でお預かりしています)

04 表格标题用粗线分割，数据部分用细线分割

在标题和数据之间留出空白，然后标题上部用粗线条标示，数据上部用细线条标示。

雇用形態	正社員
試用期間	有り(3ヶ月)
業務内容	既存顧客や新規顧客のオフィスに関する「悩み」の解決をして頂く提案営業の仕事です。オフィスの移転・新設・レイアウト変更のみならず、オフィス家具やら内インフラ設備のご提案、企業の短中期的計画に沿ったオフィス空間の提案をお任せします。

05 加粗表格标题文字并配上不同的颜色

加粗标题文字并配以不同的颜色。在下图中，位于"事务所"右侧"松阪工厂"这样的次级标题，也使用与标题相同的配色。

06 用无线框的色块区分表格标题

表格之间用无线框的色块加以区分，不同色块之间留出空白的缝隙进行区别。

価格	4.3万円～		管理費・共益費	0.3万円
敷金	1ヶ月		礼金	1ヶ月
その他費用	町会費：300円/月 24時間管理料：1,000円/月 火災保険料(2年):15,000円～ ハウスクリーニング:25,000円 (税別) FF清掃料:15,000円 (税別)			

PART 7
06 填写项目

在填写项目的设计上，为了能让用户顺利填写完所有项目，就需要在设计的时候考虑到使用的便利性和功能性。

01 让必须填写的项目变得一目了然

为了对应为视力残疾人设计的有声浏览器，在必填项目上不仅需要用颜色来标记，还需要加上"必须"的字样。

02 明示个人隐私保护事项

在输入个人信息的填写项目中，要在提交按钮前面加入取得用户同意的按钮和关于隐私保护的条例，以确认获得对于用户个人信息的使用权。

03 在填写栏中展示填写示例

在HTML的input插件中增加placeholder属性后，就可以在输入栏中设置默认信息。这个默认信息用于展示相关内容的输入格式范例。

04 将填写栏改为下横线的样式可以展现出写信纸的风格

通常的输入栏为矩形，但通过CSS可以将矩形的四个直角变为圆角，然后将输入栏下方画上横线，制作成信纸风格的样式。

07 页脚

页脚是页面结束位置的区域。从版权声明到网页地图、相关链接等丰富的内容都能出现在页脚的区域中。

①1 布置网页地图、页面返回功能

构成要素：**1** 返回页面顶端链接 ×**2** 网站商标 ×**3** 网页地图 ×**4** 副导航栏 ×**5** 版权所有

在"Icebreaker"的主页中，页脚位置布置的是可供用户跳转到其他页面的网页地图。

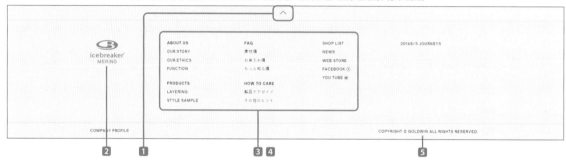

构成要素：**1** 网站商标 ×**2** 地址和联络方式 ×

3 网页地图 ×**4** 副导航栏

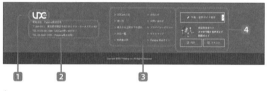

构成要素：**1** 网站商标 ×**2** 网页地图 ×**3** 社交媒体链接

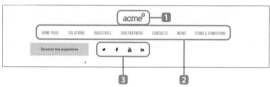

①2 明确标示出地址和联络方式

构成要素：**1** 网站商标 ×**2** 地址和联络方式 ×**3** 相关链接 ×**4** 副导航栏 ×**5** 版权所有 ×**6** 返回页面顶部按钮

在"汉字博物馆"的主页中，网站标志的右侧刊登了场馆的地址和联络方式，即使不进入专设的交通地址页面，用户也可以对场馆的地址一目了然。

构成要素：**1** 社交媒体连接 ×**2** 网站商标 ×**3** 地址和联络方法 ×**4** 公司简介 ×**5** 版权所有 ×**6** 返回页面顶部按钮 ×**7** 手绘插图

03 设置服务导航栏

构成要素：**1** 网站商标 ×**2** 站内查询 ×**3** 服务导航 ×**4** 网页地图 ×**5** 返回页面顶部按钮 ×**6** 版权所有

在 "黑猫宅急便" 的主页中，将用户所需的链接集中布置在页脚的区域，以方便用户查询使用。

04 在页面中展示Instagram的照片

将发布在 Instagram 的照片展示在官方网站中，让页脚的区域有着丰富的视觉效果。

05 集中展示社交媒体的信息

集中展示发布在社交媒体中的信息和宣传，能够提升用户的关注量。

06 用简洁的方式展示著作权

很多网也的页脚部分都采用了只展示著作权的简洁设计，不在这个区域放任何多余的要素。

07 在咨询栏的一侧加入地图

在页脚部分的咨询栏位置附近嵌入谷歌地图，将其与店铺、公司的地址和联络方式一同展示出来。

收藏夹图标的设置方法

◉关于网页中设定的收藏夹图标种类

收藏夹图标是在浏览器中地址栏左侧显示出来的图标，也被称作网站头像。将制作好的收藏夹图标上传到服务器中，然后通过在HTML的head标签中写入代码的方式来实现。

近年来不仅PC端浏览器会用到收藏夹图标，智能手机的桌面或 Windows 10 的磁贴中也会用到这一类图标。

PC浏览器所用的收藏夹图标

・尺寸：16px×16px
・格式：ico

Windows 10所用的磁贴图标

・尺寸：
144px×144px
・格式：PNG
※与manifest , json
等文件一起写入
head中。

智能手机所用的收藏夹图标

・尺寸：
57px×57px~
192px×192px
・格式：PNG
※iPhone、Android、
iPad、iPod touch等
不同设备中所显示的
尺寸也是各不相同的。

◉自动生成收藏夹图标的在线服务

通过在线服务自动生成不同尺寸、格式的收藏夹图标，就可以一次制作出多个图标，而不用逐一进行操作了。

Favicon Generator for all platforms 能够自动生成包括

Windows10 图标在内的各种收藏夹图标，并通过代码插入 head 标签中。

将自己网页收藏夹图标的设置状态输入到这个栏目中

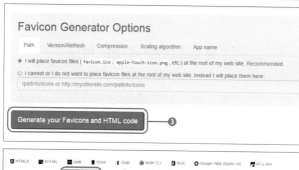

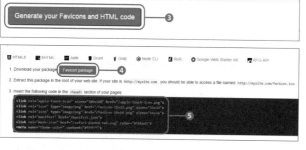

制作方法

❶准备一个尺寸为 260px×260px 以上的正方形图像。

❷点击 "Select your Favicon picture" 按钮，上传准备好的图像。

❸在下一个画面中选择背景色等参数，然后点击 "Generate your Favicons and HTML code" 按钮。

❹点击 Download your package 一旁的 "Favicon package"，将相应素材下载。

❺将显示出来的代码复制粘贴到 HTML 的 head 标签中，即可完成制作。

※如果需要，可以将 href="" 的链接改为包含有收藏夹图标的文件夹。

◉ 参考资料

·大森裕二，中山司，滨田信义，Far，Inc.色彩设计笔记本．MdN Corporation，2005
·武川薰.色彩的力量PANTONE(R)源自色彩的配色指导.PIE BOOKS，2007
·瑞特里斯·艾兹曼，武川薰.色彩的灵感.PIE International，2014
·大崎善治.向专业人士学习印刷工艺的基础规则，可终身受益、经久不衰的技巧.SB Creative股份公司，2010
·罗宾·威廉姆斯.The Non-Designer's Design Book.每日COMMUNIACTION，1998

◉ 所用素材

·HAUT DESSINS.FLOWERS用于工作的花卉与自然的素材集.SB Creative股份公司，2010
·kd factory.LACE STYLES令人心动的蕾丝素材集.SB Creative股份公司，2010
·kd factory.和风传统图案纹理素材集·雅.SB Creative股份公司，2011
·水野 久美.花卉与日用品的素材集.SB Creative股份公司，2011
·岩永 茉帆、岩井 美铃、Asami.手绘插图&印刷素材集.SB Creative股份公司，2016